荣耀之路AIGC

荣耀之路AIGC

X星战纪AIGC

X星战纪场景AIGC

塔伦克海滩战役场景AIGC

概念AIGC设计

叮宝遨游记AIGC

炫彩人生AIGC创意海报

《幸福童年》剧照

叮宝遨游记AIGC

幸福童年AIGC

AI

设计指南

Stable Diffusion
商业案例实操

李岩　丁爱琳　戴亮　编著

中国水利水电出版社
www.waterpub.com.cn
·北京·

内 容 提 要

本书是一本让读者轻松掌握人工智能绘画技术的专业书籍。书中不仅详细介绍了 Stable Diffusion 的基础知识和高级技巧，还分享了作者在实践中的创作经验，逐步引导读者深入学习和探索 AI 绘画的奥秘。

本书内容涵盖了 Stable Diffusion 的界面设置、基础操作、提示词的权重、ControlNet 局部重绘和修复放大等功能。此外，书中还包含了 LoRA 模型应用、商业实战案例分析、LoRA 模型和大模型融合等高级内容，并提供了详细的参数设置、操作步骤和视频讲解，为帮助读者学习和掌握 Stable Diffusion 这一 AI 绘画软件提供了强有力的支持。

本书强调了 AI 绘画技术在艺术创作领域中的作用，鼓励读者学习技术、创新技术，激发创作灵感，实现技术与艺术的完美融合，创造出既独特又富有表现力的作品，助力读者在艺术创作的道路上不断前行，开启一段充满无限可能的 AI 艺术之旅。

本书适合对 AI 绘画技术感兴趣的艺术家、设计师、技术爱好者以及任何希望在艺术创作中融入人工智能的读者，旨在帮助他们提升创作技能，激发创新思维。

图书在版编目（CIP）数据

AI 设计指南 : Stable Diffusion 商业案例实操 / 李岩，丁爱琳，戴亮编著 . —北京 : 中国水利水电出版社，2025.4. ISBN 978-7-5226-3069-4

Ⅰ . TP18-62

中国国家版本馆 CIP 数据核字第 20254L8D44 号

书　　名	AI 设计指南——Stable Diffusion 商业案例实操
	AI SHEJI ZHINAN—Stable Diffusion SHANGYE ANLI SHICAO
作　　者	李岩　丁爱琳　戴亮　编著
出版发行	中国水利水电出版社
	（北京市海淀区玉渊潭南路 1 号 D 座 100038）
	网址：www.waterpub.com.cn
	E-mail：zhiboshangshu@163.com
	电话：（010）62572966-2205/2266/2201（营销中心）
经　　售	北京科水图书销售有限公司
	电话：（010）68545874、63202643
	全国各地新华书店和相关出版物销售网点
排　　版	北京智博尚书文化传媒有限公司
印　　刷	河北文福旺印刷有限公司
规　　格	185mm×260mm　16 开本　17.75 印张　453 千字
版　　次	2025 年 4 月第 1 版　2025 年 4 月第 1 次印刷
印　　数	0001—3000 册
定　　价	79.80 元

序　言

《AI 设计指南——Stable Diffusion 商业案例实操》是 AIGC 领域的宝典。它以 Stable Diffusion 为核心，通过丰富的商业案例，为读者呈现了实操秘籍。无论是对于渴望入门的设计新手，还是对于寻求突破的经验丰富的设计师，这本书都价值非凡。书中详细讲解了从基础到高级的操作技巧，让读者轻松掌握利用 Stable Diffusion 进行设计的能力。案例涵盖多种商业场景，生动展示了实际应用效果。跟随它，可以开启 AI 绘画设计新征程，快速提升设计水平，为商业设计注入新活力，不论是专业从业者还是大中专院校学生，都是不可错过的佳作。

——徐亮

徐亮，资深艺术设计主编

此书是 AIGC 图书中尤为出色的代表作，通过严谨的理论阐述和丰富的案例，从入门到深入学习 AI 实用技能提供了全方位的基础性保障。引导读者拓展 Stable Diffusion 的高阶性应用，实用性强，即学即用。前沿性卓越，紧跟 AIGC 最新发展趋势，内容编排合理，适合不同基础者研读。这本书既是专业学者的得力助手，又是初学者开启 AIGC 知识大门的优质钥匙，是一本难得的精品图书。

——孙海平

孙海平，昆明美术家协会秘书长

在艺术与科技的交汇点，总有一些先驱者以他们的智慧和勇气，探索着未知的世界，为我们描绘出一幅幅超越想象的未来图景。作者李岩，这位本身就具备非凡绘画能力的创作者，正是这样一位在 AIGC（Artificial Intelligence Generated Content，人工智能生成内容）领域深耕细作的领航者。他以其深厚的艺术底蕴和前瞻性的科技视野，精心编撰了这本实践性极强的《AI 设计指南——Stable Diffusion 商业案例实操》。

作为这一领域的探索者与见证者，我深感荣幸能为这本书撰写推荐序，这本书，是李岩多年研究与实践的结晶，它不仅系统地介绍了 AIGC 技术的核心原理、应用场景及未来趋势，更在实用性与新颖性上实现了双重飞跃。本书通过丰富的案例分析和实践指导，让读者能够直观地感受到 AIGC 在各个领域中的实际应用价值。作者以其独特的视角，将 AIGC 的复杂机制与实际应用紧密结合，为读者呈现了一个既深邃又生动的 AIGC 世界。这是对前沿领域的深刻洞察和全面剖析。

——文淑丽

文淑丽，韩国详明大学时尚设计博士

前　言

在人工智能（Artificial Intelligence，AI）的浪潮中，Stable Diffusion 以其独特的魅力和强大的功能成为艺术创作领域的一颗璀璨新星。2024 年，人们见证了 AI 绘画技术在艺术创作中的无限可能，而 Stable Diffusion 正是这一技术变革的杰出代表。作为一位时刻关注并实践于 AI 绘画创作的艺术爱好者，作者对于能够撰写本书深感荣幸，愿与各位 AI 艺术家一同探索 AI 创作的奥秘。

● Stable Diffusion 的技术革新

Stable Diffusion 的核心是其先进的深度学习算法，其能够理解并生成与文本描述相匹配的图像，而这一技术的实现依赖于大量的数据训练和复杂的神经网络结构。Stable Diffusion 的开源特性更为全球的研究者和开发者提供了一个开放的平台，以共同推动这一技术的发展和完善。

● 艺术与技术的融合

艺术创作历来是人类情感和思想的表达，而 AI 技术的介入为艺术创作提供了新的维度。Stable Diffusion 不仅仅是一个工具，其更是艺术与技术融合的产物，为艺术家提供了一种全新的创作方式。通过与 AI 的合作，人人都可以突破传统媒介的限制，探索更加广阔的创作空间。

● 为何编写本书

在对 Stable Diffusion 的学习和使用过程中，作者深刻体会到了这一技术的强大潜力和应用前景。然而，作者也注意到，许多艺术创作者和爱好者在面对这一 AI 绘画软件时，感到既兴奋又迷茫。因此，作者决定编写本书，希望通过系统的教学和实践指导并结合作者的工作经验，降低读者的学习门槛，帮助读者更好地理解和掌握 Stable Diffusion，发掘其在艺术创作中的无限可能。

● 本书的目标读者

本书面向所有对 AI 绘画感兴趣的读者，无论是艺术专业的学生、职业艺术家，还是对数字艺术充满好奇的爱好者，都能在本书中找到适合自己的学习路径。无论技术水平如何，本书都将为读者提供从基础到高级的全面指导。

● 开启学习之旅

本书将从 Stable Diffusion 的基本概念讲起，逐步深入高级功能和技巧的运用。每章都配有丰富的实例和练习，以确保读者能够在实践中巩固所学知识。此外，本书还包含对 Stable Diffusion 最新版本的解读和更新，确保读者能够跟上技术发展的步伐。

● 感谢与期待

在本书的创作过程中，作者收到了来自广大粉丝和学员的宝贵支持与反馈，他们的热情和好奇心激发了作者深入探索 Stable Diffusion 的动力。在此，作者向每一位给予帮助和鼓励的朋友致以最诚挚的感谢，没有他们的参与和贡献，本书不可能如此丰富和完善。

同时，作者热切期待读者们反馈，您的每一条建议和批评都是我们共同进步的阶梯。作者希望通过本书能够推动 AI 绘画技术的发展，让艺术与技术更加紧密地结合，创造出更多令人惊叹的作品。让我们携手前进，在 AI 艺术的海洋中乘风破浪，探索未知的领域。

● 鼓励与期待

最后，希望本书能够成为读者探索 AI 绘画世界的向导，激发读者的创造力，帮助读者在艺术的道路上不断前行。让我们一起拥抱技术，用它来丰富我们的艺术创作，让艺术与技术共同绽放光彩。

作　者

目　录

第 4 章　修复放大和局部重绘

第 5 章　LoRA 模型应用

第 6 章　ControlNet 扩展

第7章　其他扩展

第8章　商业实战案例

第 9 章　模型融合

第 10 章　Stable Diffusion 设置方法及补充资料的使用

第 1 章　AI 绘画概述

随着数字化和智能化的飞速发展，AI 正在以惊人的速度改变着人们的生活。AI 在绘画创作中的应用，正日益引起人们的广泛关注与讨论。

扫一扫，看视频

AI 绘画是利用 AI 技术进行艺术创作的一种新兴形式。这一概念不仅包括通过算法生成的绘画作品，而且涵盖了 AI 在辅助艺术创作、风格迁移和艺术品修复等方面的应用。通过深度学习、神经网络等先进技术，AI 能够分析和学习大量艺术作品，从中提取出风格特征并进行创新、创作，如图 1.1 所示。

图 1.1　奇幻的海底世界

AI 绘画的出现引发了许多关于艺术本质的思考和讨论。传统上，艺术被视为人类创造力和情感表达的结晶，而 AI 作为一种工具，其创造的作品是否具有同样的艺术价值呢？AI 绘画能否被视为真正的艺术呢？这些问题为创造力、艺术性和智能的传统观念带来了新的见解。在这一背景下，AI 绘画不仅是技术发展的结果，更是对人类自我认知的一次深刻反思。

⮕ 本章概述

通过学习本章，读者可以全面了解 AI 绘画的各个方面，包括其发展历史、基本概念和常用的 AI 绘画工具。

⮕ 本章重点

（1）AI 绘画的应用与前景。
（2）AI 绘画的常见工具。

1.1　AI 绘画的起源与发展

扫一扫，看视频

　　AI 绘画的起源可以追溯到 20 世纪 60 年代，随着计算机技术的发展，尤其是计算机视觉、深度学习和神经网络的进步，AI 绘画逐渐从实验性创作走向成熟，能够模仿和创新各种艺术风格，形成了现代 AI 绘画的基础。

　　近些年，关于 AI 的话题热度一直不减，百度搜索指数显示关于 AI 的话题已迎来爆发式增长，如图 1.2 所示。

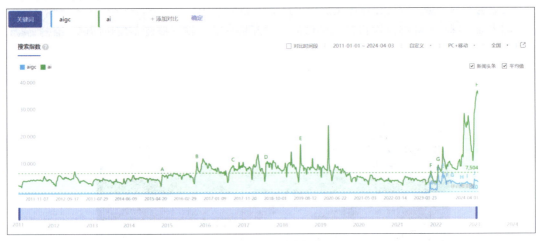

图 1.2　百度搜索指数

　　随着一张 AI 生成的情侣照片（图 1.3）爆火，AI 绘画的概念迅速引起大众的广泛讨论。图 1.3 中，无论是构图、画质，还是人物的表情、五官，甚至随风吹动的发丝，都与真人无异。这张图震惊了整个摄影圈、设计圈，无数创意工作者不禁感慨，AI 绘画真的要代替人类绘画了吗？

　　然而，AI 绘画是计算机科学与艺术结合的领域，其发展历程标志着技术的显著进步。自 20 世纪中叶以来，AI 绘画经历了以下几个关键阶段。

　　（1）早期探索：1960 年，艺术家哈罗德·科恩开发了 AARON，这是一个能够控制机械臂进行绘画的程序，代表了 AI 绘画的初步尝试。

　　（2）技术进步：进入 20 世纪 80 年代，AARON 等程序开始掌握更复杂的绘画技巧，如三维物体的绘制和多色绘画，显示了 AI 在模拟艺术创作方面的进步。

图 1.3　爆火的 AI 生成的情侣照片

　　（3）互联网时代兴起：20 世纪 90 年代，随着互联网的普及，AI 绘画开始利用网络资源扩展创作的范围和深度。

（4）深度学习突破：21 世纪 10 年代初，深度学习技术的发展为 AI 绘画带来了革命性的变化，使 AI 能够生成更加复杂和逼真的图像。

（5）AI 艺术兴起：2015 年，DeepDream 项目通过神经网络创造出梦幻般的图像，引发了公众对 AI 艺术的广泛关注。随后，DALL·E 等系统展示了 AI 在理解和创造视觉内容方面的潜力。

（6）技术突破：21 世纪 20 年代，AI 绘画技术（如 CLIP+VQGAN 和 Stable Diffusion 等）进一步提高了图像生成的质量和速度，使 AI 绘画更加成熟和实用。

AI 绘画的发展历程不仅展现了技术的飞速进步，而且反映了人工智能与人类创造力结合的无限可能。随着技术的不断革新，AI 绘画将继续拓展艺术的边界，为未来的艺术创作和视觉表达开启新的视野。

思考与练习

简述 AI 绘画的发展历程。

答：（1）早期探索：1960 年，哈罗德·科恩开发了 AARON，初步尝试 AI 绘画。

（2）技术进步：20 世纪 80 年代起，AARON 等程序开始掌握更复杂的绘画技巧，展示了 AI 的进步。

（3）互联网时代兴起：20 世纪 90 年代，AI 绘画开始利用网络资源，扩展了创作范围和深度。

（4）深度学习突破：21 世纪 10 年代初，深度学习使 AI 能生成更逼真的图像。

（5）AI 艺术兴起：2015 年，DeepDream 项目引发广泛关注，展示了 AI 的潜力。

（6）技术突破：21 世纪 20 年代，AI 绘画展现了技术进步与人类创造力的完美融合，开启了新的艺术与视觉表达领域。

1.2　AI 绘画的应用与前景

在艺术创作领域，AI 赋予艺术家新的工具和灵感来源，能够快速生成各种风格的作品，丰富了艺术表达的形式，提高了创作效率和个性化设计的能力，满足了快速变化的市场需求，极大地降低了制作成本和时间，提升了视觉效果的质量。AI 绘画技术的发展和应用正在重塑多个行业的工作流程和创作方式，对现有行业产生了深远的影响，这些影响体现在多个方面。

扫一扫，看视频

1. 艺术创作

AI 绘画工具（如 Stable Diffusion 和 Midjourney 等）已经成为艺术家和设计师的重要辅助工具，通过根据文本描述生成特定风格的图像可以激发创作灵感或提供素材。这些工具提高了艺术生产效率，可以自动生成图像和设计元素，减少了手工绘制的时间和成本。此外，AI 绘画技术的开源和易用性降低了艺术创作的门槛，使更多非专业人士能够参与其中，扩大了艺术创作的参与群体。AI 艺术作品如图 1.4 所示。

图 1.4　AI 艺术作品

2. 广告设计

AI 绘画技术为广告和营销行业提供了快速生成创意视觉内容的能力，帮助企业以更低的成本创造吸引用户注意的广告素材。此外，AI 绘画可以根据用户数据和偏好生成个性化的视觉内容，提高广告和营销活动的针对性和效果。AI 广告作品如图 1.5 所示。

图 1.5　AI 广告作品

3. 教育培训

AI 绘画技术作为教学工具，可以帮助学生理解艺术原理和技巧，提供实践平台，在实践中学习。AI 绘画技术为学生和专业人士提供了新的学习和发展平台，鼓励他们探索和尝试新的艺术形式和技巧。AI 学生作品如图 1.6 所示。

图 1.6　AI 学生作品

4. 影视游戏

AI 绘画技术在游戏设计和动画制作中的应用大大提高了工作效率。在游戏设计中，AI 绘画技术能快速生成游戏所需的背景、角色和道具等视觉元素，减少开发时间；而在动画制作中，AI 绘画技术能辅助设计复杂场景和角色，甚至生成动画序列，改变了传统动画制作的流程。AI 影视游戏如图 1.7 所示。

图 1.7　AI 影视游戏

5. CG 绘画

AI 绘画工具提高了创作效率，能快速生成 CG（Computer Graphics，计算机图形），缩短了从概念到呈现的时间，特别适用于游戏开发、动画制作等需要大量视觉素材的项目，显著提高了工作效率。同时，AI 绘画工具降低了成本，减少了对专业人才的依赖，降低了人力成本、物料和设备投入。另外，AI 绘画工具实现了实时迭代，能够快速响应反馈和修改指令，对于需要频繁更新和调整视觉内容的项目尤为重要。AI CG 绘画如图 1.8 所示。

图 1.8　AI CG 绘画

6. 动漫创作

AI 在动漫创作与形象定制中能够提高创作效率，快速生成动漫角色、背景等视觉元素，从概念到呈现的时间大大缩短，减少了对专业人才的需求，降低了人力成本和材料投入，使动漫制作更具经济效益。另外，AI 能够根据用户的需求和反馈，快速生成个性化的动漫形象或定制角色，如图 1.9 所示。

图 1.9　IP 形象定制

7. 雕刻行业

雕刻行业既包含传统的手工雕刻，也涉及现代数控机械雕刻。雕刻材料多种多样，包括木材、石材、金属材料等，其作品在艺术和实用性上都有广泛应用。传统雕刻技术强调艺术家的技艺和创造力；而数控雕刻技术则通过计算机控制提高了生产效率和加工精度，适合大规模生产。

Stable Diffusion 的出现，对雕刻行业的创意、生产流程产生了重要的影响，其生成的深度图可以直接与机械设备完美衔接，推动了雕刻行业的发展，如图 1.10 所示。

图 1.10　深度图雕刻

AI 绘画技术对现有行业的影响是多方面的，除了带来效率提升和创新机会外，也带来了版权问题和技术挑战。AI 绘画商业化的探索也在不断地进行中，企业尝试通过订阅服务、按需付费等方式盈利。未来，随着技术的进步和完善，AI 绘画有望在更多领域发挥潜力，以推动行业的创新和发展。

思考与练习

简述当前 AI 绘画的应用领域。

答：艺术创作、广告设计、教育培训、影视游戏、CG 绘画、动漫创作、雕刻行业

1.3　AI 绘画的常见工具

在 AI 绘画领域，市面上存在多种主流工具，它们各自具有独特的特点和应用场景。以下是几个值得推荐的 AI 绘画工具，以及它们的相关介绍。

扫一扫，看视频

1. Deep Dream Generator

公司与发展情况：Deep Dream Generator 是基于谷歌的 Deep Dream 算法开发的在线绘画工具。Deep Dream Generator 最初是由谷歌的研究人员为了探索人工神经网络如何识别和生成图像而创建的。随着时间的推移，Deep Dream Generator 已经发展成为一种流行的艺术创作工具，被广泛应用于视觉艺术和设计领域。图 1.11 所示为 Deep Dream Generator 软件界面。

图 1.11　Deep Dream Generator 软件界面

优点：能够将普通图像转换成具有梦幻般效果的艺术作品，激发用户的创作灵感。

缺点：生成的图像可能过于抽象，对于具体细节的控制有限，并且对设备性能有一定的要求。

适用场景：适用于艺术创作、视觉特效制作、社交媒体内容生成等。

2. DALL·E

公司与发展情况：DALL·E 是由 OpenAI 开发的 AI 绘画工具，其名称来源于著名画家达利（Dalí）和机器人总动员（Wall·E）。OpenAI 是一个致力于确保 AI 的发展能够对人类产生积极影响的研究机构。DALL·E 自发布以来，因其能够根据文本描述生成图像而受到人们的广泛关注。图 1.12 所示为 DALL·E 3 软件官网首页页面。

图 1.12　DALL·E 3 软件官网首页页面

优点：支持根据文本描述生成效果良好的图像，创作效率高，用户界面简单易学。

缺点：相对于一些免费的 AI 绘画软件，DALL·E 的价格较高，并且可能存在版权争议。

适用场景：适用于设计、策划、教育、娱乐等各种场景，可以满足不同人群的需求。

3. Midjourney

公司与发展情况：Midjourney 是一个集成了多种功能的智能产品，专注于创造艺术性的数字内容。Midjourney 运用了深度学习、计算机视觉和自然语言处理等技术，能够根据用户的指令或图像自动生成多样化的数字内容。图 1.13 所示为 Midjourney 软件界面。

图 1.13　Midjourney 软件界面

优点：操作简单易懂，支持多种参数和风格的调整，用户可以根据自己的需求进行高度定制化的创作。

缺点：需要流畅的网络环境才能运行，付费使用且价格较高。

适用场景：适用于绘画创作或表达想法的人群，以及设计师团队进行项目讨论、头脑风暴、方案共创等。

4. Stable Diffusion

公司与发展情况: Stable Diffusion 是由 Stability AI 公司开发的开源 AI 绘画技术, 代表了 AI 绘画技术的最新进展, 能够在短时间内生成高质量的图像, 并且在画作的精致程度上有显著提升。图 1.14 所示为 Stable Diffusion 软件官网。

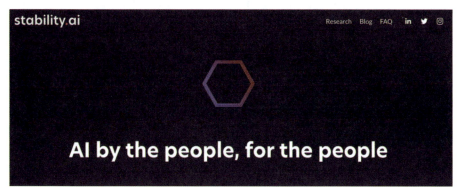

图 1.14　Stable Diffusion 软件官网

优点: 生成速度快, 画作精致, 支持根据文本描述生成图像, 适用于快速创意和原型设计。

缺点: 需要较高的硬件设备才能流畅运行, 作为一个新兴技术, 还需要进行进一步的优化和调整, 以满足更广泛的应用需求。

适用场景: 适用于广告设计、个人艺术创作、数字艺术教育、工业设计等领域。

这些工具不仅降低了艺术创作的门槛, 使非专业人士也能轻松创作出专业水准的作品, 而且为专业艺术家和设计师提供了强大的辅助工具, 帮助他们更高效地实现创意和想法。随着技术的不断进步, 未来 AI 绘画工具将在更多领域展现其潜力, 无论是在教育、娱乐、广告还是工业设计等方面, 都将发挥越来越重要的作用。

思考与练习

简述 Stable Diffusion 与其他 AI 绘画工具的区别。

答: Stable Diffusion 是一种基于人工智能技术与 Latent Diffusion 模型开发的图像生成及处理方法, 它能够逐步展现细节, 生成包括自然景观、人脸、艺术作品等在内的高质量图像。通过调整参数和输入文本, 用户可以灵活控制图像的生成效果。该方法不仅提升了稳定性和训练速度, 而且开源免费, 拥有广泛的用户和开发者社群支持。

第 2 章　Stable Diffusion 基础

扫一扫，看视频

Stable Diffusion 是一个强大的开源 AI 图像生成工具，具备多种基础功能。Stable Diffusion 可以通过用户输入的文本描述，生成与之匹配的高质量图像，实现了从文字到图像的转换。此外，Stable Diffusion 还支持对生成的图像进行精细化控制，包括风格、元素等，以满足用户的不同需求。同时，Stable Diffusion 还提供了丰富的模型文件，用户可以选择不同的模型来生成多样化的图像。这些基础功能使 Stable Diffusion 在图像生成领域具有广泛的应用前景。

⤤ 本章概述

掌握 Stable Diffusion 的安装方法、启动界面的基本功能、版本信息、界面与布局等。

⤤ 本章重点

（1）Stable Diffusion 的部署与硬件需求。

（2）Stable Diffusion 的模型分类。

（3）Stable Diffusion 的安装。

（4）Stable Diffusion 的界面与布局。

2.1　Stable Diffusion 的部署与硬件需求

Stable Diffusion 的一个显著优势是其开源性质，这意味着开发者和艺术家可以免费访问和使用该模型。开源还促进了社区的参与，使用户能够自由地贡献代码、改进算法和分享使用经验，从而推动了技术的快速发展和普及。

2.1.1　Stable Diffusion 的部署

扫一扫，看视频

Stable Diffusion 的部署方式有以下两种。

（1）云端部署：用户无须投资昂贵的硬件即可利用强大的计算资源。云服务的高可用性和全球访问性保证了模型的稳定性和低延迟访问，同时简化了管理和维护工作。

（2）本地部署：用户可以在自己的计算机上运行和操作 Stable Diffusion。这为用户提供了更大的控制权和灵活性，同时避免了潜在的隐私问题和网络依赖性，确保了创作的私密性和安全性。

2.1.2　Stable Diffusion 的硬件需求

推荐在配置有高性能 NVIDIA 显卡（如 N 卡 3060-GPU 12GB 型号及以上能够获得相对理想的体验）的本地计算机上运行 Stable Diffusion。虽然通过 CPU 也可以运行 Stable Diffusion，但效率较低。图像生成速度与显卡性能紧密相关，高性能显卡能显著提升生成速度。

扫一扫，看视频

1. 系统要求

操作系统：Windows 10 或者 Windows 11。

内存：16GB 及以上。

显卡：推荐 NVIDIA 显卡，显存容量在 6GB 以上。

2. 硬件配置（仅供参考）

（1）4090D（24GB）配置清单见表 2.1。

表 2.1　4090D（24GB）配置清单

产 品 名 称	品 牌 型 号
处理器	Intel I9 14900KF 处理器
散热器	瓦尔基里星环 GL360 一体水冷
主板	技嘉 Z790-UD 主板 D5
内存	芝奇幻锋戟 32GB 6400 16×2 C32
固态硬盘	宏碁 GM7000 4TB 固态 4.0
显卡	索泰 RTX 4090D 天启旗舰卡
机箱	安钛克 DF700 自带 5 风扇
电源	航嘉 MVPP1000 白金全模组

（2）4080S（16GB）配置清单见表 2.2。

表 2.2　4080S（16GB）配置清单

产 品 名 称	品 牌 型 号
处理器	Intel I7 12700KF
散热器	天极风双塔 RGB 12cm 散热器
主板	技嘉 B760M AORUS ELITE DDR4
内存	金士顿 16GB 3200×2，32GB 内存条
固态硬盘	宏碁 GM7000 4TB 固态 4.0
显卡	技嘉 RTX 4080 SUPER GAMINC OC 魔鹰显卡
机箱	中塔大机箱
电源	长城 X8 额定 850W 电源金牌全模组

（3）3060（12GB）配置清单见表 2.3。

表 2.3　3060（12GB）配置清单

产 品 名 称	品 牌 型 号
处理器	Intel I7 12700KF
散热器	天极风双塔 RGB 12cm 散热器
主板	技嘉 B760M-H 或 D 主板
内存	金士顿 16GB 3200 内存条单根
固态硬盘	宏碁 GM7000 4TB 固态 4.0
显卡	耕升 RTX 3060 12GB 追风显卡
机箱	百元游戏侧透机箱
电源	航嘉额定 650W 电源

2.2　Stable Diffusion 的模型分类

扫一扫，看视频

Stable Diffusion 的核心在于 Checkpoint（检查点）模型，其也称为大模型。Checkpoint 模型是所有大模型的统称，并非文件格式，决定了生成图像的质量和风格。在 SD WebUI 中，用户需要加载大模型才能创作图像。这些模型可以通过 Civitai 网站或者其他资源网站获取。大模型文件大小一般为 2 ～ 7GB，格式有 .ckpt 和 .safetensors，两者功能相同，但 .safetensors 更安全可靠，是目前主流的大模型格式。

2.2.1　官方模型

扫一扫，看视频

Stability AI 官方发布的模型数据集大，泛化性好，被众多用户作为模型训练的基础模型。因此官方模型称为底模，它们是整个系统的核心，用于训练或生成各种风格的图像。官方模型大部分是作为模型训练的底模或者结合 Lora 等微调模型使用的。

官方模型的版本不断升级迭代，经历了 Stable Diffusion v1、Stable Diffusion v2、Stable Diffusion XL、…、SDXL-Turbo，再到如今的 Stable Diffusion 3 Medium 模型。官方模型的每一次更新迭代，都在画面质量、出图速度、可控性方面得到了加强。

官方模型通常以 SD 作为前缀进行命名，如 SD1.5、SDXL、SDXL-Turbo、SD3 等，各个版本的特点如下。

1. Stable Diffusion v1 模型

Stable Diffusion v1 模型为初始版本，为基础模型，用于进行测试和改进。

（1）Stable Diffusion v1.2：在 v1.1 的基础上进行优化，增强了图像生成的质量和稳定性。

（2）Stable Diffusion v1.3：进一步改进了图像的细节和逼真度，同时优化了生成速度。

（3）Stable Diffusion v1.4：在各种基准测试中表现优异，广泛用于实际应用。

（4）Stable Diffusion v1.5：最后一个 v1 版本，综合了之前所有版本的改进，提供了最高的生成质量和最稳定的性能。

Stable Diffusion v1.5 模型使用较低分辨率（512px×512px）的图像数据进行训练，适用于生成多种风格的图像。由于其对硬件配置的要求不高，因此是目前生态最好的基础模型，拥有与之匹配的各种插件和衍生模型，如图 2.1 所示。

图 2.1　Stable Diffusion v1.5 模型列表

2. Stable Diffusion v2 模型

（1）Stable Diffusion v2.0：引入了新的架构改进，大幅提升了图像生成的细节和清晰度，并增加了对更高分辨率图像的支持。

（2）Stable Diffusion v2.1：在 v2.0 的基础上进行了优化，增强了生成速度和质量，并改进了模型的稳定性和多样性。

（3）Stable Diffusion v2.2：持续改进，进一步提升了图像的逼真度和细节表现，并优化了生成的多样性。

Stable Diffusion v2 系列模型普及度较低，风格较少，如图 2.2 所示。

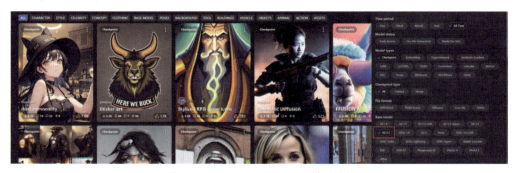

图 2.2　Stable Diffusion v2.1 模型列表

3. Stable Diffusion XL 模型

（1）Stable Diffusion XL Alpha：实验性版本，用于测试更复杂和高分辨率的图像生成能力。

（2）Stable Diffusion XL Beta：在 Alpha 的基础上进行改进，提供了更高的稳定性和生成质量。

（3）Stable Diffusion XL 1.0：正式版本，代表了当前最先进的图像生成能力，支持非常高的分辨率和复杂场景。Stable Diffusion XL 1.0 是一个高级图像生成模型，使用较高分辨率（1024px×1024px）的图像数据进行训练；增加一个独立的基于 Latent 的 Refiner 模型，也是一个扩散模型，用来提升生成图像的精细化程度；能够产生大尺寸高质量的基础图像，需要较高的硬件配置才能实现最佳性能。Stable Diffusion XL 1.0 模型列表如图 2.3 所示。

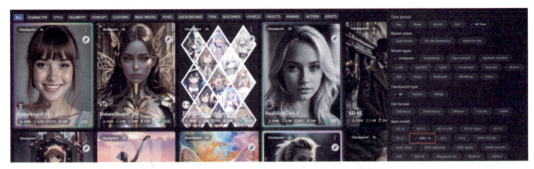

图 2.3　Stable Diffusion XL 1.0 模型列表

4. SDXL-Turbo 模型

SDXL-Turbo 模型是 Stable Diffusion XL 模型的衍生版本，这一模型通过优化算法和内存管理实现了在较短时间内输出高分辨率图像的目标，用较少的 Steps 和 CFG 就能生成较高质量的图像，因此广受人们的好评。SDXL-Turbo 模型列表如图 2.4 所示。

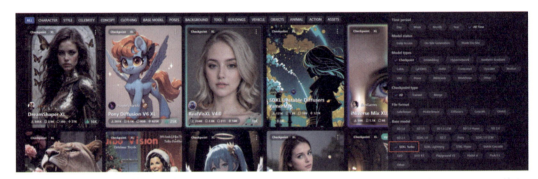

图 2.4　SDXL-Turbo 模型列表

5. Stable Diffusion 3 Medium 模型

Stable Diffusion 3 Medium（简称 SD 3）代表了文本到图像生成领域的尖端科技，这一 AI 模型汇聚了高达 20 亿个精细调校的参数，以前所未有的能力将文字创意转化为栩栩如生的图像。SD 3 以其卓越的照片级真实感著称，能够深刻理解和解析复杂的指令提示，从而生成既精确又清晰的图像作品，为用户带来前所未有的视觉盛宴与创作体验。SD 3 模型列表如图 2.5 所示。

图 2.5　SD 3 模型列表

2.2.2　风格类大模型

Stable Diffusion 的最大优势就是其本身的开源属性，基于官方模型，用户可以自主训练各种风格类型的大模型，并且开放给其他用户使用。

扫一扫，看视频

1. 二次元风格模型

二次元风格模型是指专注于生成具有动漫或漫画特征图像的模型。这些模型通常会模仿特定类型的绘画技巧和风格，如日本动漫、漫画、插画等，在色彩使用、线条处理、角色设计和场景构建上都有着鲜明的表现，如图 2.6 所示。

图 2.6　二次元风格

2. 写实风格模型

写实风格模型专注于生成逼真图像，这些模型在细节处理、光影效果、色彩真实性以及物体质感模拟上力求接近现实世界的视觉效果。写实风格模型特别适用于那些需要高度逼真图像的应用场景，如数字绘画、产品渲染等，如图 2.7 所示。

让创作更简单
出版咨询

3. 2.5D 风格模型

2.5D 风格模型结合了二维图像和三维场景，创造出具有立体感和深度的图像，同时保持了二维艺术的视觉风格。2.5D 风格模型特别适用于创造具有动漫或游戏美术风格的图像，它们在视觉上提供了一种介于传统二维动漫和全三维渲染之间的独特体验，如图 2.8 所示。

图 2.8　2.5D 风格

4. 特殊风格模型

特殊风格模型的种类很多，包括油画风格模型、国风风格模型、水墨风格模型、创意风格模型等，如图 2.9 所示。

图 2.9　特殊风格

思考与练习

简述风格类大模型的种类。

答：二次元风格、写实风格、2.5D 风格和特殊风格模型。

2.2.3　LoRA 模型

扫一扫，看视频

LoRA（Low-Rank Adaptation of Large Language Models）可以简单理解为 Stable Diffusion 大模型的一种插件，是大模型的微调模型，在不修改大模型的前提下，利用少量数据训练出一种画风 /IP/ 人物，实现大模型定制化需求。由于其对图像素材需求少，硬件配置要求低，因此非常适合个人开发者。

LoRA 模型的选择由大模型决定，不同版本的大模型对应各自版本的 LoRA 模型，如 SD 1.5 的大模型只能加载 SD 1.5 的 LoRA 模型，SDXL 的大模型只能加载 SDXL 的 LoRA 模型。

LoRA 模型可以分为 SD 1.5 LoRA 模型和 SDXL LoRA 模型。

1. SD 1.5 LoRA 模型

LoRA 模型必须配合大模型一起使用。如图 2.10 所示，Base Model 为 SD 1.5，说明该模型是基于 SD 1.5 训练的，使用时必须配合 SD 1.5 才能生成想要的效果。

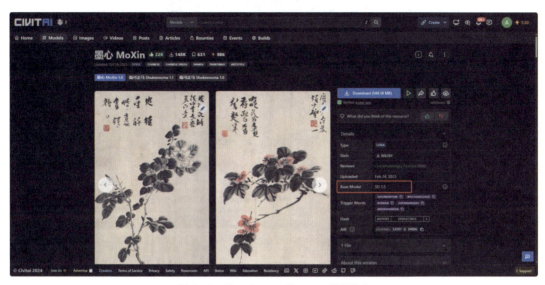

图 2.10　基于 SD 1.5 的 LoRA 模型信息

2. SDXL LoRA 模型

如图 2.11 所示，Base Model 为 SDXL 1.0，说明该 LoRA 模型是基于 SDXL 1.0 训练的。

图 2.11　基于 SDXL 1.0 的 LoRA 模型信息

2.2.4　LyCORIS 模型

LyCORIS 模型是一个类似 LoRA 的微调模型，是算法更优化、更简洁、更节约训练资源的微调模型。LyCORIS 模型在功能和使用方法上与 LoRA 模型类似，但目前其不如 LoRA 模型应用广泛。

如图 2.12 所示，Type 为 LYCORIS，说明模型类别为 LyCORIS。

图 2.12　基于 SD 1.5 模型的 LyCORIS 模型

2.2.5　其他模型

扫一扫，看视频

1. Textual Inversion 模型

Textual Inversion 模型（一种 Embedding 模型）是一种用于定义新关键词以生成新人物或图像风格的小文件，其也属于微调模型，用于个性化图像的生成。

目前，此类模型都作为反向提示词来使用，用于调整图像生成质量或者防止崩坏，如图 2.13 所示。

图 2.13　基于 SD 1.5 模型的 Embedding 模型

2. VAE 模型

VAE（Variational Autoencoder，变分自编码器）模型是一种"美化模型"，其作用是

"滤镜"，用来调整图像色彩。目前，很多大模型训练时内置了 VAE 模型，因此在使用时不需要单独加载 VAE 模型，如图 2.14 所示。

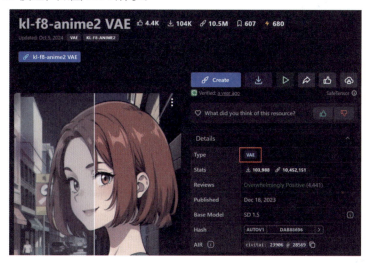

图 2.14　基于 SD 1.5 的 VAE 模型

3. CLIP 模型

SD 1.5 和 SDXL 在文本理解和图像生成方面所使用的 CLIP（Contrastive Language-Image Pre-training，对比语言 - 图像预训练）模型存在差异。SDXL 的 CLIP 模型在结构和性能上都进行了优化和扩展，使其在处理复杂文本和生成高质量图像方面具有显著优势；而 SD 1.5 的 CLIP 模型虽然能够完成基本的文本到图像的转换，但在处理能力和生成细节方面相对较为有限。

CLIP 模型专注于通过对比学习来理解文本和图像之间的关系。CLIP 模型通过成对的文本和图像数据进行训练，旨在使模型掌握两者之间的匹配模式。CLIP 架构包含两个主要部分：Text Encoder 和 Image Encoder。其中，Text Encoder 负责从文本中提取特征，通常采用在自然语言处理（Natural Language Processing，NLP）领域广泛使用的 Transformer 模型；而 Image Encoder 则用于从图像中提取特征，可以采用传统的卷积神经网络（Convolutional Neural Network，CNN）或较新的 Vision Transformer 模型。与计算机视觉（Computer Vision，CV）领域中的其他对比学习方法（如 moco 和 simclr）不同，CLIP 专注于文本 - 图像对的联合表示学习。

在本书使用的整合包中，CLIP 模型不需要下载和安装。

2.3　Stable Diffusion 的安装

2.3.1　Stable Diffusion 整合包的安装

1. 下载与安装

安装 Stable Diffusion 涉及配置系统环境，对于不熟悉技术操作的用户，推荐使用整合包，其集成了必要的软件和配置，简化了安装流程。Stable Diffusion

扫一扫，看视频

WebUI 是一个对用户友好的版本，适合初学者，用户只需下载整合包，解压并运行启动器，即可方便地使用 Stable Diffusion。整合包可以在相关链接网站下载或在本书提供的学习资料中下载使用，如图 2.15 所示。

图 2.15　安装包与安装教程

2. 启动与设置

解压完成后，双击启动图标，如图 2.16 所示，可以打开操作界面。

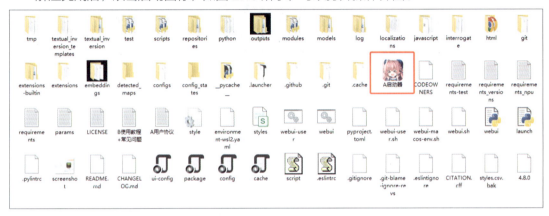

图 2.16　双击启动图标

Stable Diffusion 启动界面如图 2.17 所示。

图 2.17　Stable Diffusion 启动界面

3. 安装包版本更新与选择

对于安装包版本，可以根据实际需要选择安装，也可以单击"一键更新"按钮，将其更新到最新版本，如图 2.18 所示。一般情况下，较新的版本会有新的功能体验，但其他插件与新功能的更新与迭代会有滞后性。

图 2.18　版本更新界面

4. 扩展插件的安装与更新

　　扩展插件的安装与更新可以在启动界面的"扩展"选项卡中完成，也可以在 Stable Diffusion WebUI 页面中完成。扩展插件更新界面如图 2.19 所示。

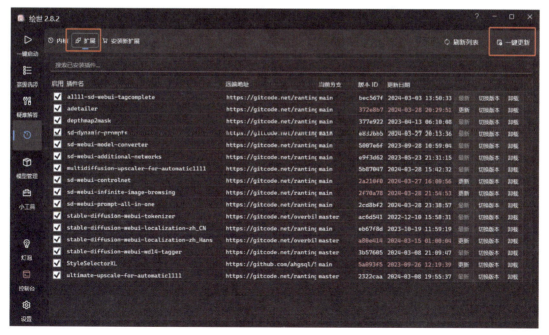

图 2.19　扩展插件更新界面

扩展插件安装界面如图 2.20 所示。

图 2.20　扩展插件安装界面

2.3.2　模型的下载与安装

Stable Diffusion 生图功能是由各种模型共同作用的结果，因此选择合适的模型和安装到正确的位置至关重要。

扫一扫，看视频

1. 下载模型

可以在 Stable Diffusion 启动界面的"模型"选项卡中下载模型，如图 2.21 所示。

图 2.21　模型下载界面

2. 通过资源网站下载模型

国内外的资源网站提供了各类模型的下载服务，并且作者对模型功能与注意事项均有提及，这是常用的模型下载方法。C 站资源网站如图 2.22 所示。

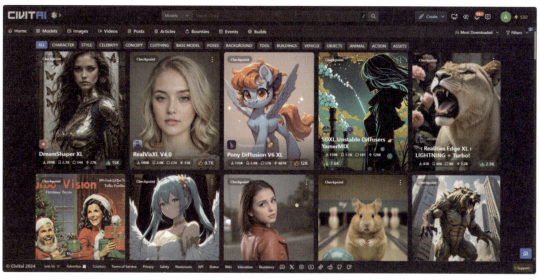

图 2.22　C 站资源网站

3. 通过配套资源下载模型

本书提供的配套资源中也提供了模型，用户也可以选择此下载方式，如图 2.23 所示。

图 2.23　通过配套资源下载模型

4. 安装 Checkpoint 模型

将下载的 Checkpoint 模型安装到当前路径（D:\sd-webui-aki-v4.1\models\Stable-diffusion），可按照模型的风格不同创建文件夹进行区分，如图 2.24 所示。

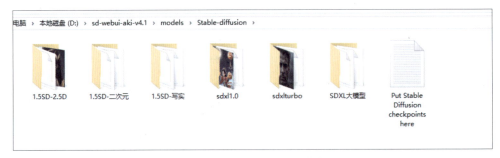

图 2.24　Checkpoint 模型安装路径

5. 安装 LoRA 模型

将下载的 LoRA 模型安装到当前路径（D:\sd-webui-aki-v4.1\models\Lora），可按照模型的风格不同创建文件夹进行区分，如图 2.25 所示。

图 2.25　LoRA 模型安装路径

6. 安装 VAE 模型

将下载的 VAE 模型安装到当前路径（D:\sd-webui-aki-v4.1\models\VAE），如图 2.26 所示。

图 2.26　VAE 模型安装路径

7. 安装 Embedding 模型

将下载的 Embedding 模型安装到当前路径（D:\sd-webui-aki-v4.1\embeddings），可按照模型的风格不同创建文件夹进行区分，如图 2.27 所示。

图 2.27　Embedding 模型安装路径

2.4　Stable Diffusion 的界面与布局

2.4.1　Stable Diffusion 的界面

双击图标，打开 Stable Diffusion 启动界面，一键启动并自检更新后，即可启动 Stable Diffusion WebUI 操作界面，如图 2.28 所示。

图 2.28　Stable Diffusion WebUI 操作界面（全部）

2.4.2　Stable Diffusion 的布局

1. Stable Diffusion 模型

在 Stable Diffusion 模型下拉列表中调用需要的大模型，如图 2.29 所示。

图 2.29　Stable Diffusion 模型下拉列表（局部）

2. 外挂 VAE 模型

在外挂 VAE 模型下拉列表中调用 VAE 模型，如图 2.30 所示。

图 2.30　外挂 VAE 模型下拉列表（局部）

3. CLIP 终止层数

CLIP 终止层数默认值为 2，一般情况下动漫风格值设置为 2，写实风格值设置为 1，如图 2.31 所示。

图 2.31　CLIP 终止层数（局部）

4. 功能选项卡

WebUI 的主要功能选项卡包括文生图、图生图、后期处理等，如图 2.32 所示。

图 2.32　WebUI 的主要功能选项卡

5. 采样方法（Sampler）

Stable Diffusion 采样使用一种逐步减少噪声的方法来创建图像。在每一步中，算法都会生成一张图像，并将其与输入的文本描述进行对比。根据对比结果，算法会对图像中的噪声进行调整，不断优化图像，直至生成的图像与文本描述越来越接近。简单来说，就像根据文字提示，逐步从噪声中提炼出清晰图像的过程，如图 2.33 所示。

图 2.33　Euler a 采样方法（局部）

6. 迭代步数（Steps）

Stable Diffusion 的工作原理类似于从一个杂乱无章的起点开始，逐步清理并构建出清晰的图像。这个过程中，Steps 参数决定了清理噪声的阶段数量，如图 2.34 所示。虽然理论上阶段越多，图像的细节和清晰度越高。但是，将步数设置为 20 就足够生成多样化的图像了。除非追求极其细致的纹理效果，否则一般不推荐超过 30 步，因为过多的步数会造成生成图像的速度较慢或者产生不理想的画面效果。

图 2.34　迭代步数（Steps）（局部）

7. 总批次数和单批数量

总批次数代表显卡一次性处理图像生成任务的批次，其是指显卡一次生成一张图像，直至完成所有图像的生成，不会导致显存不足；而单批数量则是指每个批次中显卡生成的图像张数，即显卡一次性生成的图像数量，单批数量过多会导致显存不足，如图 2.35 所示（图像总数 = 总批次数 × 单批数量）。

图 2.35　总批次数和单批数量（局部）

8. 输出分辨率（宽度和高度）

输出分辨率是指生成图像的大小。

SD 1.5 模型主要针对 512px×512px 的图像进行训练，如图 2.36 所示，少数情况下使用 768px×768px。SDXL 1.0 及以上版本使用的是 1024px×1024px 或者输出分辨率更高的图像进行训练，所以在使用过程中要根据实际情况设置合理的输出分辨率。

图 2.36　输出分辨率设置（局部）

9. 提示词引导系数（CFG Scale）

以较低的 CFG 值生成图像时具有更多的创造力和自由度，较高的 CFG 值则更多遵循提示词的内容，默认值为 7，如图 2.37 所示。

图 2.37　提示词引导系数（局部）

10. 随机数种子（Seed）

随机数种子是用于初始化随机噪声的数字，不同的随机数种子会得到不同的生成图像，其默认值为 −1，如图 2.38 所示。

图 2.38　随机数种子（局部）

第3章 提示词

提示词是创作者与 AI 之间的桥梁，能够使创作者将自己的创意愿景转化为一幅幅引人入胜的视觉作品。提示词丰富了创作的维度，拓展了艺术表达的边界，让每一次的创作过程都变成了一次全新的探索和发现之旅。通过这些词汇的巧妙运用，艺术家们跨越了传统媒介的限制，将内心世界中的色彩、情感、风格和细节以一种前所未有的方式呈现在画布上。

扫一扫，看视频

通过提示词，创作者可以与 Stable Diffusion 共同探索丰富的艺术风格，无论是古典还是现代、写实还是抽象，都能轻松驾驭。利用提示词，创作者的艺术灵感将得到无限扩展，每一幅作品都将散发出独特的魅力。掌握提示词，Stable Diffusion 绘画的旅程会变得宽广无垠，创作者将自由驰骋在艺术创作的广阔天地中，每一站都充满了新的可能性和惊喜。

让我们一起跟随这些提示词，开启一段艺术与科技交织的精彩旅程。

⮕ 本章概述

通过学习本章，读者可以掌握提示词的类型、权重、语法、符号及各项功能和参数之间的关系，熟练掌握提示词技巧，深刻理解提示词的含义。学好提示词是学好 Stable Diffusion 的基础。

⮕ 本章重点

（1）提示词的类型、权重和语法。
（2）提示词预设及艺术家风格。

3.1 提示词的类型

在 Stable Diffusion 绘画的世界里，提示词就是创作者给 Stable Diffusion 传达的命令，命令越准确，Stable Diffusion 理解得越全面，生成的作品越符合预期。Stable Diffusion 中的提示词分为两大类：正向提示词和反向提示词。

扫一扫，看视频

当正向提示词为 city street scene in the rain（雨中的城市街景）时，意味着 Stable Diffusion 理解了图像中所需展现的街景具体要素；而在反向提示词中加入 car（汽车）时，那么会在生成时避免加入汽车的形象，如图 3.1 所示。

图 3.1　添加正向提示词和反向提示词效果

通过这些提示词，Stable Diffusion 被赋予了洞察创意的能力，从而能够精准地捕捉创作者的构想。

提示词大致可以分为以下几种类型。

1. 标签

标签可用一个字或者一个词（英文）来表达画面中的元素，中间用英文逗号"，"隔开，并且使用特定的语法、权重进行调整，如图 3.2 所示。

city,street,scene,rain

图 3.2　标签提示词

2. 自然语言

自然语言是指人们日常沟通所使用的语言，如中文、英文或其他语言，可以是短语或者句子。在 Stable Diffusion 中，自然语言提示词建议使用英文，句子中间用英文逗号"，"隔开，如图 3.3 所示。

city street scene in the rain

图 3.3　自然语言提示词

3. Emoji 和颜文字

Emoji（表情）和颜文字是用于表达情绪的符号，在实际操作中此类提示词的应用较少。Stable Diffusion 中支持 Emoji，如图 3.4 所示。

№	Code	Sample	CLDR Short Name	Other Keywords
Smileys & Emotion				
face-smiling				
1	U+1F600	😀	grinning face	face | grin | grinning face
2	U+1F603	😃	grinning face with big eyes	face | grinning face with big eyes | mouth | open | smile
3	U+1F604	😄	grinning face with smiling eyes	eye | face | grinning face with smiling eyes | mouth | open | smile
4	U+1F601	😁	beaming face with smiling eyes	beaming face with smiling eyes | eye | face | grin | smile
5	U+1F606	😆	grinning squinting face	face | grinning squinting face | laugh | mouth | satisfied | smile
6	U+1F605	😅	grinning face with sweat	cold | face | grinning face with sweat | open | sweat

图 3.4　Emoji

Stable Diffusion 中同样也支持颜文字，如图 3.5 所示。

颜文字	意思
:-) :) :o) :] :3 :c) :> =] 8) =) :} :ˆ) :っ)	微笑或快乐。[5][6][7]
:-D :D 8-D 8D x-D xD X-D XD =-D =D =-3 =3 BˆD	笑[5]、咧嘴[6][7]、戴着眼镜笑[4]
:-))	非常高兴或有双下巴[4]
>:[:-(:(:-c :c :-< :っC :< :-[:[:{ D:	皱着眉头[5][6][7]、伤心[8]
:-|| :@ >:(	愤怒[4]
:'-(:'(	哭泣[8]
:'-) :')	喜极而泣[8]
D:< D: D8 D; D= DX v.v D-':	恐怖、厌恶、悲伤、恐慌[6][7]
>:0 :-0 :0 °o° °O° :O o_0 o_0 o.0 8-0	惊讶、震撼[5][9]、打哈欠[10]

图 3.5 颜文字

3.1.1 正向提示词

1. 正向提示词概述

正向提示词为 Stable Diffusion 提供了清晰的创作指导，帮助确定图像的主题、风格和细节，激发创意，从而高效生成独特的艺术作品。

例如，要生成一幅夏天风景画，可以用标签提示词进行描述，正向提示词为 summer,landscape（夏天、风景），生成的图像如图 3.6 所示。

扫一扫，看视频

其也可以用自然语言提示词进行描述，正向提示词为 a summer landscape painting（一幅夏天的风景画），如图 3.7 所示。

图 3.6 使用标签提示词生成的图像　　　图 3.7 使用自然语言提示词生成的图像

目前，SD 1.5 版本的大模型对标签提示词的理解较好，对自然语言提示词的理解较为一般；而 SDXL 1.0 及以后版本的大模型对自然语言、标签提示词的理解都较好。对于不同版本的大模型，在提示词的描述方式上并没有严格的限制，对于两种提示词的描述方式，都能很好地表达创作者的意图。但是，对于不同的应用场景，两者各有优势，也可以混合使用。

2. 操作步骤

步骤 01 启动界面。双击 Stable Diffusion 启动图标，打开启动界面，单击"一键启动"按钮。Stable Diffusion 启动成功后，会在网页浏览器中打开 Stable Diffusion 操作界面，如图 3.8 所示。

图 3.8　Stable Diffusion 操作界面

步骤 02 调用大模型。在"Stable Diffusion 模型"下拉列表中选择 meinamix_meinaV11. safetensors 大模型，在"外挂 VAE 模型"下拉列表中选择 vae-ft-mse-840000-ema-pruned. safetensors，CLIP 终止层数设置为 2。选择"文生图"选项卡，正向提示词输入 summer,landscape（夏天、风景）；反向提示词无输入，如图 3.9 所示。

图 3.9　设置参数及输入提示词

步骤 03 设置采样方法和迭代步数。将采样方法设置为 DPM++ 2M，迭代步数设置为 28，如图 3.10 所示。

图 3.10　设置采样方法与迭代步数

步骤 04 设置图像宽度、高度、总批次数和单批数量。将图像宽度、高度设置为 768px×512px，总批次数设置为 4，单批数量设置为 1，即最终生成 4 张图像，如图 3.11 所示。

图 3.11 设置宽度、高度、总批次数和单批数量

步骤 05 设置提示词引导系数和随机数种子。将提示词引导系数设置为 7，随机数种子默认值为 –1，如图 3.12 所示。

图 3.12 设置提示词引导系数和随机数种子

夏天风景的具体参数设置见表 3.1。

表 3.1 夏天风景的具体参数设置

参 数	值
版本	Stable Diffusion WebUI 启动器 1.9.3
大模型	meinamix_meinaV11.safetensors
外挂 VAE 模型	vae-ft-mse-840000-ema-pruned.safetensors
CLIP 终止层数	2
迭代步数	28
采样方法	DPM++ 2M
宽度	768px
高度	512px
总批次数	4
单批数量	1
提示词引导系数	7
随机数种子	–1
正向提示词	summer,landscape 夏天、风景
反向提示词	—

步骤 06 生成图像。单击"生成"按钮，等待生成过程结束，即可得到 4 张图像，如图 3.13 所示。

图 3.13 最终生成图像效果

思考与练习

1. 通过学习本小节，请读者设置图像分辨率为 768px×768px，生成夏天风景的图像。参考答案如图 3.14 所示。

2. 通过学习本小节，请读者调整提示词，生成冬天风景的图像。参考答案如图 3.15 所示。

图 3.14　夏天风景　　　　　　　图 3.15　冬天风景

3.1.2　反向提示词

扫一扫，看视频

1. 反向提示词概述

反向提示词是指在生成图像中避免出现哪些元素的提示词描述。反向提示词可以提升画质，排除不需要出现的某些具体事物、限制风格、防止画面崩坏等。

关于质量的反向提示词有 worst quality, low quality, lowres, error, cropped, jpeg artifacts, out of frame, watermark, signature（最差画质、低画质、低分辨率、错误、裁剪、jpeg 伪影、超出画面、水印、签名）。

关于风格的反向提示词有 illustration, painting, drawing, art, sketch（插图、绘画、手绘、艺术、草图）。

关于人物崩坏的反向提示词有 deformed, ugly, mutilated, disfigured, text, extra limbs, face cut, head cut, extra fingers, extra arms, poorly drawn face, mutation, bad proportions, cropped head, malformed limbs, mutated hands, fused fingers, long neck（畸形的、丑陋的、残缺的、毁容的、文字、多余的四肢、脸部被切割、头部被切割、多余的手指、多余的手臂、绘制不佳的脸、突变、比例不好、头部被裁剪、四肢畸形、变异的手、手指粘连、长脖子）。

关于其他类型的反向提示词有 nsfw,naked,violence（不适宜工作场所、裸体、暴力）等。

🔊 注意：反向提示词在一定程度上可以起到防止图片崩坏、提升质量等作用，但其并不能完全解决这一问题，很多时候需要进行局部重绘或者后期修改。

2. 操作步骤

在 3.1.1 小节的例子中，正向提示词为"夏天、风景"，Stable Diffusion 在理解"风景"这个大的概念时，是包含"森林"的，所以生成的图片中出现了"森林"。当反向提示词为"森林"时，生成的带有森林风景的概率或者重要程度就会降低。

步骤 01 启动界面。打开 Stable Diffusion 操作界面，正向提示词输入 summer,landscape（夏天、风景）；反向提示词输入 forest（森林），如图 3.16 所示。

图 3.16　设置正向提示词和反向提示词

步骤 02 调用大模型。在"Stable Diffusion 模型"下拉列表中选择 meinamix_meinaV11.safetensors 大模型，在"外挂 VAE 模型"下拉列表中选择 vae-ft-mse-840000-ema-pruned.safetensors，CLIP 终止层数设置为 2。

步骤 03 设置采样方法和迭代步数。将采样方法设置为 Euler a，迭代步数设置为 28。

步骤 04 设置图片宽度、高度、总批次数和单批数量。将图片宽度和高度设置为 768px×512px，总批次数设置为 4，单批数量设置为 1。

步骤 05 设置提示词引导系数和随机数种子。将提示词引导系数设置为 7，随机数种子值为 −1。

夏天风景的正向 / 反向提示词具体参数设置见表 3.2。

表 3.2　夏天风景的正向 / 反向提示词具体参数设置

参　　数	值
版本	Stable Diffusion WebUI 启动器 1.9.3
大模型	meinamix_meinaV11.safetensors
外挂 VAE 模型	vae-ft-mse-840000-ema-pruned.safetensors
CLIP 终止层数	2
迭代步数	28
采样方法	Euler a
宽度	768px
高度	512px
总批次数	4

参　数	值
单批数量	1
提示词引导系数	7
随机数种子	−1
提示词	summer,landscape 夏天、风景
反向词	forest 森林

生成的图像如图 3.17 所示。

图 3.17　反向提示词为 forest 生成的图像

3.1.3　提示词的格式

1. 提示词的格式概述

扫一扫，看视频

在 Stable Diffusion 中，提示词的格式由主题、艺术风格、色彩、灯光、质量等部分组成。提示词的写作格式并非一成不变，可根据实际情况进行调整。

（1）主题。主题是图像的核心，决定了画面所要表达的故事和内容。在描述主题时，应提供足够的细节，如人物的外观、动作、服饰和场景等，以便 Stable Diffusion 能够精确地捕捉到创作者的构想。例如，a girl,black short hair,looking at viewer,pink dress,rose landscape（一个女孩、黑色短发、看向观众、粉色连衣裙、玫瑰花风景），如图 3.18 所示。

主体	发型	动作	服装	场景
a girl	black short hair	looking at viewer	pink dress	rose landscape

图 3.18　一个女孩的主题描述

（2）艺术风格。艺术风格是指作品的独特表现形式，如野兽派的色彩大胆、印象派对光与影的细腻捕捉，或是超现实主义的梦幻与现实交织。选择合适的艺术风格可以为图像赋予特定的艺术气息。

　　提及特定的艺术家可以让 Stable Diffusion 模仿其独特的创作风格，参照其时代特色和艺术手法进行创作。这一方法的有效性取决于 Stable Diffusion 是否接触过相关艺术家的数据。例如，宫崎骏风格如图 3.19 所示。

图 3.19　宫崎骏风格

　　（3）色彩。色彩的选择能够影响图像的情感和氛围，暖色调带来温暖和活力，冷色调给人以宁静和距离感，而中性色调则有助于平衡整体视觉效果。

　　（4）灯光。灯光对于塑造画面的氛围和突出细节起着至关重要的作用，通过调整灯光的方向、强度和色调，可以增强图像的立体感和动态效果。例如，侧面照明如图 3.20 所示。

图 3.20　侧面照明

　　（5）质量。图像的质量对观感至关重要，使用"杰作"或"最高品质"等提示词可以引导 Stable Diffusion 生成更为精细和吸引人的图像。

　　例如，masterpiece,the best quality,the best details,UHD,8K,sharp focus, autumn, landscape（杰作、最佳质量、最佳细节、超高清、8K、锐利焦点、秋天、风景），如图 3.21 所示。

图 3.21　添加了质量提示词的风景

2. 操作步骤

根据以上写作格式和提示词分类，进行"玫瑰女孩"的创作。

步骤 01 启动界面。打开 Stable Diffusion 操作界面，正向提示词输入 a girl,black short hair,looking at viewer,pink dress,rose landscape,Hayao Miyazaki style,side lighting,masterpiece,the best quality,the best details,UHD,8K,sharp focus（一个女孩、黑色短发、看向观众、粉色连衣裙、玫瑰花风景、宫崎骏风格、侧光、杰作、最佳质量、最佳细节、超高清、8K、锐利焦点）。

反向提示词输入 NSFW,lowres, bad anatomy, bad hands, text, error, missing fingers, extra digit, fewer digits, cropped, worst quality, low quality, normal quality, jpeg artifacts, signature, watermark, username, blurry paintings, sketches, worst quality, low quality, normal quality, dot, mole, lowres, normal quality, monochrome, grayscale, lowres, text, error, cropped, worst quality, low quality, jpeg artifacts, ugly, duplicate, morbid, mutilated, out of frame, extra fingers, mutated hands, poorly drawn hands, poorly drawn face, mutation, deformed, blurry, dehydrated, bad anatomy, bad proportions, extra limbs, cloned face, disfigured, gross proportions, malformed limbs, missing arms, missing legs, extra arms, extra legs, fused fingers, too many fingers, long neck, username, watermark, signature（NSFW、低分辨率、解剖结构不好、手不好、文本、错误、丢失的手指、多余的数字、更少的数字、裁剪的、最差质量、低质量、正常质量、jpeg 伪影、签名、水印、用户名、模糊的绘画、草图、最差质量、低质量、正常质量、点、痣、低分辨率、正常质量、单色、灰度、低分辨率、文本、错误、裁剪的、最差质量、低质量、jpeg 伪影、丑陋的、重复的、病态的、残缺的、帧外的、多余的手指、突变的手、绘制不好的手、画不好的脸、突变的、变形的、模糊的、脱水的、解剖结构不好、比例差、多余的肢体、克隆的脸、畸形的、粗比例、畸形的肢体、缺胳膊、缺腿、多胳膊、多腿、手指融合、手指过多、脖子长、用户名、水印、签名）。

步骤 02 调用大模型。在"Stable Diffusion 模型"下拉列表中选择 meinamix_meinaV11.safetensors，在"外挂 VAE 模型"下拉列表中选择 vae-ft-mse-840000-ema-pruned.safetensors，CLIP 终止层数设置为 2。

步骤 03 设置采样方法和迭代步数。将采样方法设置为 Euler a，迭代步数设置为 28。

步骤 04 设置图像宽度、高度、总批次数和单批数量。将图像宽度和高度设置为 512px×768px，总批次数设置为 4，单批数量设置为 1。

步骤 05 设置提示词引导系数和随机数种子。将提示词引导系数设置为 7，随机数种子为默认值 −1。

玫瑰女孩具体参数设置见表 3.3。

表 3.3 玫瑰女孩具体参数设置

参　　数	值
版本	Stable Diffusion WebUI 启动器 1.9.3
大模型	meinamix_meinaV11.safetensors

参　　数	值
外挂 VAE 模型	vae-ft-mse-840000-ema-pruned.safetensors
CLIP 终止层数	2
迭代步数	28
采样方法	Euler a
宽度	512px
高度	768px
总批次数	4
单批数量	1
提示词引导系数	7
随机数种子	−1
正向提示词	a girl,black short hair,looking at viewer,pink dress,rose landscape,Hayao Miyazaki style,side lighting,masterpiece,the best quality,the best details,UHD,8K,sharp focus
反向提示词	NSFW,lowres, bad anatomy, bad hands, text, error, missing fingers, extra digit, fewer digits, cropped, worst quality, low quality, normal quality, jpeg artifacts, signature, watermark, username, blurry paintings, sketches, worst quality, low quality, normal quality, dot, mole, lowres,normal quality, monochrome, grayscale, lowres, text, error, cropped,worst quality,low quality, jpeg artifacts, ugly, duplicate, morbid, mutilated, out of frame,extra fingers, mutated hands, poorly drawn hands, poorly drawn face, mutation, deformed, blurry, dehydrated, bad anatomy, bad proportions, extra limbs, cloned face, disfigured, gross proportions, malformed limbs, missing arms, missing legs, extra arms, extra legs, fused fingers, too many fingers, long neck, username, watermark, signature

生成的图像如图 3.22 所示。

图 3.22　玫瑰女孩最终图像效果

思考与练习

1. 通过学习本小节，请读者按照提示词的格式生成女孩在不同场景下的图像。

答案如图 3.23 所示。

2. 通过学习本小节，请读者生成身穿不同服装的男孩图像。

答案如图 3.24 所示。

图 3.23　便利店女孩　　　　图 3.24　短发男孩

3.1.4　提示词写作的提高方法

1. 提示词插件

扫一扫，看视频

提示词作为 Stable Diffusion 的 "语言"，是创作者与 Stable Diffusion 进行交流的关键工具。尽管这些提示词以英文单词的形式呈现，但它们具有特定的用法和规则，不能仅凭 "随意描述" 就期望得到理想的画面效果。因此，在学习和掌握提示词的过程中，读者需要深入理解其含义，掌握相关的专业词汇和固定用法，以确保 Stable Diffusion 能够准确解读创作者的意图并实现高质量的图像生成。

在整合包的提示词插件中提供了一些提示词的基础表达方式，如图 3.25 所示。

图 3.25　提示词插件

2. 案例借鉴

在进行创作时，也可以通过学习其他创作者的提示词用法来提高自身的提示词水平。C 站等其他 AI 绘画平台都提供了很好的提示词参考范例，如图 3.26 所示。

图 3.26　C 站提示词参考范例

3. AI 文本工具

通过运用 ChatGPT、Kimi、文心一言、New Bing 等 AI 文本工具，可以有效地辅助生成提示词，如图 3.27 所示。提示词的学习是一个持续积累与总结的过程，需要耐心和坚持。

根据Stable Diffusion的提示词语法格式，描写一只狗在游泳的图像，提示词中要有细节、环境、氛围进行描写，以中英双语的形式呈现

在一个阳光明媚的下午，一只金毛寻回犬在清澈的湖水中畅游。阳光透过树梢，洒在波光粼粼的水面上，形成了一道道闪烁的光芒。狗狗的毛发随着水波荡漾，它快乐地划动着四肢，溅起一圈又一圈的水花。

On a sunny afternoon, a golden retriever is swimming in the clear lake water. The sunlight filters through the tree branches, casting a shimmering pattern on the surface of the water. The dog's fur ripples with the waves as it paddles happily, splashing circles of water around it.

图 3.27　Kimi 生成的提示词

根据图 3.27 给出的提示词，生成的图像如图 3.28 所示。

图 3.28　一只狗在游泳的图像

3.2　提示词的权重

提示词的权重遵循一定的原则和顺序，对于一张图像来说，应先描述整体风格，再细化至局部元素，最后调控光影效果，提示词的权重会从左到右依次排序。实际上这样的排列方式并不能达到预期目的，若要对特定的提示词进行精确控制，就要改变提示词的权重，通过增加或减少提示词的权重来强调某一个提示词在画面中的重要性。因此，创作者需要运用语法规则，以更精确地操控输出图像，实现预期效果。

3.2.1 加权符号

扫一扫，看视频

通常情况下，提示词的权重值默认为 1。在提示词外加上不同类型的括号，每层括号表示乘以固定倍数的权重，用于表示提示词在当前提示词序列中的重要程度。提示词的权重越大，表示对该提示词越重视。加权符号可以多层嵌套使用。

1. 小括号

小括号"()"表示将括号里的提示词提升 1.1 倍权重，如 (flower) 代表 flower 提升 1.1 倍权重。可以通过小括号嵌套方式进行进一步加权，如 ((flower)) 代表 1.1×1.1=1.21 倍权重。实际操作过程中，小括号嵌套比较麻烦，一般情况下用 (flower:1.1)、(flower:1.2)、(flower:1.3) 等方式来控制权重，如图 3.29 所示。权重值不建议超过 1.5，否则会对画面造成负面影响。

图 3.29　小括号加权对比

2. 计算公式

(提示词)=1.1 倍

((提示词))=1.1×1.1=1.21 倍

(((提示)))= 1.1×1.1×1.1=1.331 倍

3.2.2 降权符号

扫一扫，看视频

1. 中括号

中括号"[]"表示将括号里的提示词权重值除以 1.1。由于提示词的默认值是 1，故中括号相当于 1/1.1=0.90909090…，即将提示词的权重值降到 0.9。中括号也支持多层嵌套方式，如 [[[blue shirt]]]，如图 3.30 所示。

图 3.30　中括号降权对比

2. 计算公式

$$[提示词] = 0.9 倍$$
$$[[提示词]] = 0.9 \times 0.9 = 0.81 倍$$
$$[[[提示词]]] = 0.9 \times 0.9 \times 0.9 = 0.73 倍$$

3.2.3 实战——晨光

操作步骤如下。

步骤 01 启动界面。打开 Stable Diffusion 操作界面，正向提示词输入 1 girl,glasses,(smiling:1.1),dark_hair,(suit skirt),crossed_arms,butterfly,grass,(summer_flowers:1.2),creek,[sky],depth of field,cowboy_shot,masterpiece,the best quality,the best details（1 个女孩、眼镜、（微笑：1.1）、深色空气、（西装裙）、双臂交叉、蝴蝶、草、（夏季花：1.2）、小溪、[天空]、景深、牛仔照片、杰作、最佳质量、最佳细节）[1]。

反向提示词输入 NSFW,bad dream,bad hand v4,easy negative,fast negative v2,logo,text,the worst quality,signature,watermark,bad proportions,bad anatomy,out of focus,username（NSFW、梦不好、手不好 v4、容易消极、快速消极 v2、徽标、文本、最差质量、签名、水印、比例不好、解剖结构不好、焦点不集中、用户名）。

步骤 02 调用大模型。在"Stable Diffusion 模型"下拉列表中选择 meinamix_meinaV11.safetensors，在"外挂 VAE 模型"下拉列表中选择 vae-ft-mse-840000-ema-pruned.safetensors，CLIP 终止层数设置为 2。

步骤 03 设置采样方法和迭代步数。将采样方法设置为 Euler a，迭代步数设置为 40。

步骤 04 设置图像宽度、高度、总批次数和单批数量。将图像宽度和高度设置为 512px×768px，总批次数设置为 4，单批数量设置为 1。

步骤 05 设置提示词引导系数和随机数种子。将提示词引导系数设置为 7，随机数种子设置为 3679239043。

晨光具体参数设置见表 3.4。

表 3.4 晨光具体参数设置

参　　数	值
版本	Stable Diffusion WebUI 启动器 1.8.3
大模型	meinamix_meinaV11.safetensors
外挂 VAE 模型	vae-ft-mse-840000-ema-pruned.safetensors
CLIP 终止层数	2
迭代步数	40
采样方法	Euler a
宽度	512px
高度	768px

---

[1] 编者注：此处的第 1 个左括号和最后一个右括号表示括住提示词的中文翻译，无其他实义，全书余同。

扫一扫，看视频

第 3 章　提示词

043

参　数	值
总批次数	4
单批数量	1
提示词引导系数	7
随机数种子	3679239043
正向提示词	1 girl,glasses,(smiling:1.1),dark_hair,(suit skirt),crossed-arms,butterfly,grass,(summer_flowers:1.2),creek,[sky],depth of field,cowboy_shot,masterpiece,the best quality,the best details
反向提示词	NSFW,bad dream,bad hand v4,easy negative,fast negative v2,logo,text,the worst quality,signature,watermark,bad proportions,bad anatomy,out of focus,username

生成的图像如图 3.31 所示。

图 3.31　晨光

思考与练习

通过学习本小节，请读者设置不同的正向 / 反向提示词权重，生成男孩在秋天场景的图像。答案如图 3.32 所示。

图 3.32　秋天的男孩

3.3 提示词的语法

提示词的语法有多种形式，不同的提示词语法表达方式不同，本节介绍5种常用的提示词语法格式。

3.3.1 分步绘制

1. [A : B : N] 语法

扫一扫，看视频

分步绘制也称为渐变绘制，语法格式为 [A : B : N]，含义为 [提示词 : 提示词 : 数字]，其中 A= 提示词，B= 提示词，N= 迭代步数。当 N 大于 1 时，其表示迭代步数；当 0 ＜ N ＜ 1 时，其表示总步数的百分比。例如，总步数为 40，提示词 [red : blue : 14]hair 的含义如下：前 14 步生成红色头发，剩余 26 步生成蓝色头发。

2. 操作步骤

步骤 01 启动界面。打开 Stable Diffusion 操作界面，正向提示词输入 1 girl,[red : blue : 14] hair,white background（1 个女孩、[红 : 蓝 : 14] 头发、白色背景）。

步骤 02 调用大模型。在"Stable Diffusion 模型"下拉列表中选择 meinamix_meinaV11. safetensors，在"外挂 VAE 模型"下拉列表中选择 vae-ft-mse-840000-ema-pruned.safetensors，CLIP 终止层数设置为 2。

步骤 03 设置采样方法和迭代步数。将采样方法设置为 Eluer a，迭代步数设置为 40。

步骤 04 设置图像宽度、高度、总批次数和单批数量。将图像宽度和高度设置为 512px × 512px，总批次数设置为 4，单批数量设置为 1。

步骤 05 设置提示词引导系数和随机数种子。将提示词引导系数设置为 7，随机数种子为 –1。

具体参数设置见表 3.5。

表 3.5 具体参数设置

参　数	值
版本	Stable Diffusion WebUI 启动器 1.9.3
大模型	meinamix_meinaV11.safetensors
外挂 VAE 模型	vae-ft-mse-840000-ema-pruned.safetensors
CLIP 终止层数	2
迭代步数	40
采样方法	Euler a
宽度	512px
高度	512px
总批次数	4
单批数量	1

参　数	值
提示词引导系数	7
随机数种子	−1
正向提示词	1 girl,[red ： blue ： 14]hair,white background 1 个女孩、[红：蓝：14] 头发、白色背景
反向提示词	—

该提示词生成的图像如图 3.33 所示。

提示词 [red ： blue ： 0.35]hair 的含义如下：步数 =40×0.35=14，故前 14 步生成红色头发，剩余 26 步生成蓝色头发。因此，在相同参数设置下，将正向提示词设置为 1 girl,[red ： blue ： 0.35]hair,white background（1 个女孩、[红：蓝：0.35] 头发、白底）后生成的图像如图 3.34 所示。

图 3.33　[red ： blue ： 14]hair　　　　图 3.34　[red ： blue ： 0.35]hair

3.3.2　交替绘制

扫一扫，看视频

交替绘制的语法格式为 [A|B|…]，含义为 [提示词 | 提示词 |…]，其中 A= 提示词，B= 提示词。在生成图像时，会在每个步数时交替生成图像，即第 1 步 A，第 2 步 B，第 3 步 A，…，以此类推，直至步数结束。例如，正向提示词输入 1 girl,[red|blue]hair,white background（1 个女孩、[红 | 蓝] 头发、白色背景），在相同参数设置下，生成的图像如图 3.35 所示。

图 3.35　[red|blue]hair

AI 设计指南——Stable Diffusion 商业案例实操

3.3.3 混合绘制

混合绘制的语法格式为 A AND B，含义为提示词 AND 提示词，其中 A= 提示词，B= 提示词。提示词之间由 AND（AND 必须大写）相连接，AND 会融合两个提示词的特征，再生成图像。例如，正向提示词输入 1 girl,blue_hair AND yellow_hair,white background（1 个女孩、蓝色头发和黄色头发、白色背景）， 扫一扫，看视频

在相同参数设置下，生成的图像如图 3.36 所示。

图 3.36 blue_hair AND yellow_hair

3.3.4 停止绘制

停止绘制的语法格式为 [A::N]，含义为 [提示词 :: 数字]，其中 A= 提示词，N= 迭代步数。当 N 大于 1 时，其表示迭代步数；当 0 < N < 1 时，其表示总步数的百分比。例如：

扫一扫，看视频

[river::4],forest,in summer：表示河流在第 4 步停止绘制。

[river::10],forest,in summer：表示河流在第 10 步停止绘制。

[river::20],forest,in summer：表示河流在第 20 步停止绘制。

[river::30],forest,in summer：表示河流在第 30 步停止绘制。

以上提示词生成的图像分别如图 3.37 所示。

图 3.37 river 在不同参数下的表现

3.3.5　打断绘制

打断绘制的语法格式为 A BREAK B，含义为提示词 BREAK 提示词，其中 A= 提示词，B= 提示词。BREAK 的作用是阻断提示词 A 和提示词 B 之间的联系，在一定程度上防止提示词之间的污染（BREAK 的作用有时不明显）。例如，正向提示词输入 1 girl,black_hair,black_eye BREAK yellow_tie BREAK blue_shirt,white background（1 个女孩、黑色头发、黑色眼睛 BREAK 黄色 _ 领带 BREAK 蓝色 _ 衬衫、白色背景），生成的图像如图 3.38 所示。

图 3.38　black_eye BREAK yellow_ tie BREAK blue_shirt

3.3.6　实战——墨麒麟

本小节通过混合使用提示词语法格式生成图像。

1. 前提条件

Stable Diffusion 各个版本的大模型算法不同，SDXL 的大模型更便于使用提示词的混合语法，因此本小节采用 SDXL 版本训练的大模型，效果如图 3.39 所示。

图 3.39　墨麒麟

2. 操作步骤

步骤 01 启动界面。打开 Stable Diffusion 操作界面，正向提示词输入 1 dark (dragon:0.8) deer lion,smoke,(Chinese pattern:1.1),(green_manes:1.1),BREAK rock,[sky::0.6],[white_moon::0.6], clouds,mountains,waterfall,wind,masterpiece,ultra quality,ultra details,professional,8K,UHD,official art（1 深色（龙:0.8）鹿狮子、烟雾、（中国图案:1.1）、（绿色_鬃毛:1.1）、BREAK 岩石、[天空::0.6]、[白色_月亮::0.6]、云、山、瀑布、风、杰作、超质量、超细节、专业、8K、超高清、官方艺术）；反向提示词输入 (((extra tail))),(((extra leg))),gold,model,wing,metal,bad anatomy,bad proportions,low quality,blurry,lowres,normal quality,the worst quality,grayscale,logo,text,sketches,monochrome,signature,watermark,cropped,out of focus,username（((((多余的尾巴)))、((((额外的腿)))、金色、模型、翅膀、金属、解剖结构不好、比例不好、低质量、模糊、低分辨率、正常质量、最差质量、灰度、徽标、文本、草图、单色、签名、水印、裁剪、失焦、用户名）。

步骤 02 调用大模型。在"Stable Diffusion 模型"下拉列表中选择山竹混合底模_XL01. fp16.safetensors，在"外挂 VAE 模型"下拉列表中选择 NONE，CLIP 终止层数设置为 2。

步骤 03 设置采样方法和迭代步数。将采样方法设置为 Euler a，迭代步数设置为 40。

步骤 04 设置图像宽度、高度、总批次数和单批数量。将图像宽度和高度设置为 800px×1024px，总批次数设置为 4，单批数量设置为 1。

步骤 05 设置提示词引导系数和随机数种子。将提示词引导系数设置为 7,随机数种子设置为-1。墨麒麟具体参数设置见表 3.6。

表 3.6 墨麒麟具体参数设置

参　数	值
版本	Stable Diffusion WebUI 启动器 1.9.3
大模型	山竹混合底模_XL01.fp16.safetensors
外挂 VAE 模型	NONE
CLIP 终止层数	2
迭代步数	40
采样方法	Euler a
宽度	800px
高度	1024px
总批次数	4
单批数量	1
提示词引导系数	7
随机数种子	-1
正向提示词	1dark (dragon:0.8) deer lion,smoke,(Chinese pattern:1.1),(green-manes:1.1),BREAK rock,[sky::0.6],[white_moon::0.6],clouds,mountains, waterfall,wind,masterpiece,ultra quality,ultra details,professional,8K, UHD,official art
反向提示词	(((extra tail))),(((extra leg))),gold,model,wing,metal,bad anatomy,bad proportions,low quality,blurry,lowres,normal quality,the worst quality, grayscale,logo,text,sketches,monochrome,signature,watermark,cropped, out of focus,username

该提示词最终生成的图像如图 3.40 所示。

图 3.40　墨麒麟图像

思考与练习

通过学习本小节，请读者根据提示词的语法构成生成熊鹿混合生物的图像。

答案如图 3.41 所示。

图 3.41　熊鹿

3.4 提示词预设及艺术家风格

3.4.1 提示词预设

在实际操作过程中，对于图像质量、细节、风格等需要经常使用的提示词，可以存储成提示词预设的形式，方便重复使用。下面以常用的质量提示词预设为例进行介绍。

操作步骤如下。

扫一扫，看视频

步骤 01 启动界面。打开 Stable Diffusion 操作界面，正向提示词输入 masterpiece,ultra quality,ultra details,positive lighting,elegant,majestic,realistic,8K,UHD,HDR,professional,official art,remarkable art（杰作、超质量、超细节、正面照明、优雅、雄伟、逼真、8K、超高清、高动态范围成像、专业、官方艺术、非凡的艺术）；反向提示词输入 NSFW,logo,text,blurry,low quality,bad anatomy,lowres,normal quality,monochrome,grayscale,the worst quality,signature,watermark,cropped,bad proportions,out of focus,username（NSFW、徽标、文本、模糊、低质量、解剖结构不好、低分辨率、正常质量、单色、灰度、最差质量、签名、水印、裁剪、比例不好、失焦、用户名），如图 3.42 所示。

图 3.42 输入正向/反向提示词

步骤 02 单击界面右侧"生成"按钮下的画笔图标，如图 3.43 所示。

步骤 03 在扫开界面的第 1 行文本框中输入当前预设的名称（任意），如图 3.44 所示。

图 3.43 单击画笔图标

图 3.44 设置提示词预设名称

步骤 04 单击界面右侧的记事本图标，会将正向/反向提示词自动添加到本界面，如图 3.45 所示。

图 3.45 添加正向 / 反向提示词

步骤 05 单击"保存"按钮，当出现"删除"按钮时，即表示当前提示词预设设置完成，如图 3.46 所示，单击"关闭"按钮即可。

图 3.46 提示词预设设置完成

步骤 06 在"生成"按钮下方的下拉列表中选择设置好的"山竹 - 质量预设"，即可进行调用，如图 3.47 所示。

步骤 07 最终调用形式如图 3.48 所示。

图 3.47 调用"山竹 - 质量预设"预设

图 3.48 最终调用形式

3.4.2　山竹风格预设调用

本书提供了作者归纳好的提示词风格预设，涵盖了画面质量、人物、卡通等风格，包括 SD 1.5 版本和 SDXL 版本。

扫一扫，看视频

1. 案例展示

山竹－熔岩风格预设－火麒麟如图 3.49 所示。

山竹－冰寒风格预设－旋龟如图 3.50 所示。

图 3.49　火麒麟　　　　　　　　图 3.50　旋龟

山竹－冰火风格预设－凤凰如图 3.51 所示。

山竹－卡通风格预设－穷奇如图 3.52 所示。

图 3.51　凤凰　　　　　　　　图 3.52　穷奇

山竹－白金风格预设－金器猫如图 3.53 所示。

山竹－金镶玉风格预设－玉器狗如图 3.54 所示。

图 3.53　金器猫　　　　　　　　图 3.54　玉器狗

山竹 – 奇幻风格预设 – 奇幻兔子如图 3.55 所示。

山竹 – 机甲风格预设 – 机械恐龙如图 3.56 所示。

图 3.55　奇幻兔子　　　　　图 3.56　机械恐龙

2. 安装提示词风格预设步骤

步骤 01 找到本书提供的配套资源，复制 styles 文件，如图 3.57 所示。

图 3.57　复制 styles 文件

步骤 02 打开 Stable Diffusion 的根目录，路径为 D:\sd-webui-aki-v4.1，将复制的 styles 文件粘贴至此处，替换原文件，如图 3.58 所示。

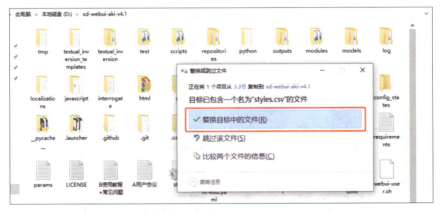

图 3.58　替换原 styles 文件

步骤 03 打开 Stable Diffusion 操作界面，在"生成"按钮下方的下拉列表中即可使用提示词风格预设，如图 3.59 所示。

图 3.59　提示词风格预设安装完毕

3. 提示词风格预设对比

提示词风格预设的优势在于简便、快捷、可调整、灵活度高。表 3.7 列举了同一提示词下，不同提示词风格预设对比。

表 3.7　不同提示词风格预设对比

正向提示词为 1 deer dragon lion mane fire,glowing,Chinese style pattern,scenery,day （1 鹿 龙 狮 鬃毛 火、发光、中式图案、风景、白天）	
 山竹风格预设——熔岩	 山竹风格预设——冰寒
 山竹风格预设——白金	 山竹风格预设——机甲

3.4.3　艺术家风格

扫一扫，看视频

Stable Diffusion 除了可以设置不同提示词风格预设外，也可以将艺术家风格添加到提示词中，如图 3.60 所示。

图 3.60　添加艺术家风格的提示词

艺术家的风格不同，在 Stable Diffusion 中生成的图像也不相同。图 3.61 列举了若干艺术家的风格表现。

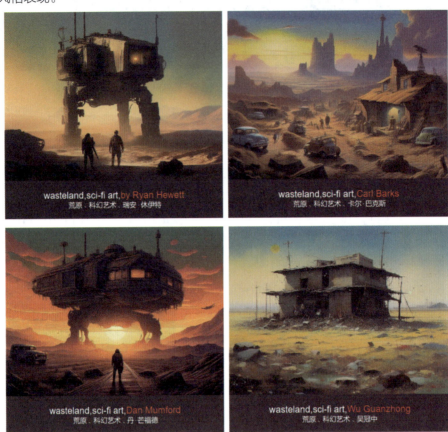

图 3.61　艺术家风格图像

图 3.62 列举了可供查询的艺术家风格网站。

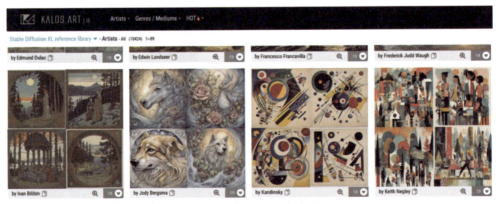

图 3.62　可供查询的艺术家风格网站

第 4 章　修复放大和局部重绘

在 Stable Diffusion 中，图像修复放大和局部重绘技术非常重要。修复放大不是简单地增加图像的像素，而是通过复杂的算法来优化图像的每一个细节，这样不仅提高了图像的分辨率，还增强了图像的清晰度和细节表现。这对于需要高分辨率图像的应用场景来说，具有非常重要的意义。图像修复放大技术可以让图像适应更大的展示尺寸，同时确保观众能够获得精细的视觉体验。

扫一扫，看视频

局部重绘功能为艺术家和设计师带来了极大的创作自由。利用这项技术，创作者可以对图像的特定区域进行精确的修改和调整。无论是改变颜色、修复缺陷，还是添加新的元素，都可以轻松完成。这种高度的控制能力显著提高了创作效率和作品质量，使创作者能够快速迭代和完善想法，将创意变为现实。

图像的修复放大和局部重绘技术的应用为各个行业提供了强大的技术支持和创意工具。

⮕ 本章概述

通过学习本章，读者可以掌握修复放大和局部重绘的方法，深刻理解各项功能的含义，灵活掌握各种方法在不同场景中的作用。修复放大和局部重绘是提升图像质量的重要手段。

⮕ 本章重点

（1）高分辨率修复方法。

（2）ADetailer 脸和手的修复。

（3）Tiled Diffusion 和 Tiled VAE 的使用方法。

（4）后期处理。

（5）Ultimate SD upscale。

（6）局部重绘。

4.1　高分辨率修复

高分辨率修复是"文生图"选项卡中具备的重要功能，能够修复和放大图像，同时增加细节，并在一定程度上更改画面内容。区别于其他修复形式，高分辨率修复既可以在潜空间中进行修复，也可以进行像素修复，这取决于不同的采样方法。高分辨率修复对计算机硬件要求较高，根据实际情况进行尺寸和参数的调节。过高的参数设置会导致显存溢出，中断生成。

高分辨率修复功能只能在"文生图"选项卡中进行设置，可以在图像生成之前打开该功能，也可以在图像生成后选择一张进行高分辨率修复。由于高分辨率修复对计算机硬件要求较高，因此大部分情况是在图像生成后选择其中一张进行高分辨率修复，以节约时间和降低对计算机硬件的要求。

1. 开启功能

步骤 01 启动界面。打开 Stable Diffusion 操作界面。

步骤 02 开启功能。在"文生图"选项卡中勾选"高分辨率修复（Hires.fix）"复选框，打开高分辨率修复功能，如图 4.1 所示。

图 4.1　打开高分辨率修复功能

2. 基本参数

高分辨率修复功能的基本参数见表 4.1。

表 4.1　高分辨率修复功能的基本参数

名　　称	解　　释
放大算法	将图像从低分辨率放大到高分辨率采用的方法
高分迭代步数	放大时的迭代步数。如果将其设置为 0，则和迭代步数一致
重绘幅度	放大时添加的噪声数量。重绘幅度越高，图像中的噪声变化越大
放大倍数	一般情况下，选择 1.5 倍 /2 倍
将宽度 / 高度调整为	一般情况下，不选择开启
模型、高分采样方法、Hires schedule type	一般情况下，保持默认即可

3. 放大算法

在"放大算法"下拉列表中提供了多种类型的放大算法，如图 4.2 所示。

图 4.2 "放大算法"下拉列表

常用的放大算法见表 4.2。

表 4.2　常用的放大算法

名　　称	分　　类	原　　理
Latent	写实人物、风景	将原始图像编码成潜在向量，并对其进行随机采样和重构，从而增强图像的质量、对比度和清晰度
4x-UltraSharp	写实人物、风景、2.5D、插画、动漫	基于 ESRGAN 的优化模型，更适合常见的图像格式，为使用比较广泛的放大算法
DAT x2	写实人物、风景	能够捕获全局上下文并实现块间特征聚合
R-ESRGAN 4x+	写实人物、风景	基于 Real ESRGAN 的优化模型，针对照片效果较好
R-ESRGAN 4x+ Anime6B	2.5D、插画、动漫	基于 Real ESRGAN 的优化模型，是二次元、动漫类的最佳选择

不同放大算法对比效果如图 4.3 所示。

图 4.3　不同放大算法对比效果

4. 操作步骤

打开 Stable Diffusion 操作界面，输入正向提示词，设置各项参数，如图 4.4 所示。

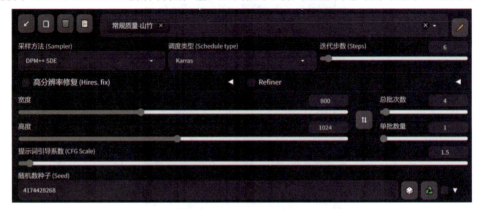

图 4.4　输入提示词及设置参数

具体参数设置见表 4.3。

表 4.3　具体参数设置

参　　数	值		
版本	Stable Diffusion WebUI 启动器 1.9.3		
大模型	山竹混合真实 _Lightning6_DPMSDE		
外挂 VAE 模型	—		
CLIP 终止层数	2		
迭代步数	6		
采样方法	DPM++ SDE		
Schedule type	Karras		
宽度	800px		
高度	1024px		
总批次数	4		
单批数量	1		
提示词引导系数	1.5		
随机数种子	−1		
正向提示词	Kawaii style,1 white rabbit,on the grass 卡哇伊风格、1 只白色兔子、在草地上		
反向提示词	—		
高分辨率修复	启用		
	放大算法	R-ESRGAN 4x+	
	高分迭代步数	2	
	重绘幅度	0.5	
	放大倍数	1.5	

其他参数保持默认设置，单击"生成"按钮，得到尺寸放大为 1.5 倍且高分辨率修复后的

图像，如图 4.5 所示。其原尺寸为 800px×1024px，放大 1.5 倍后为 1200px×1536px。

图 4.5　高分辨率修复图像

另外，在使用中为了更好地节约时间和生成理想的图像，往往先关闭高分辨率修复功能，如图 4.6 所示。

图 4.6　关闭高分辨率修复功能

此时，在其他参数保持不变的情况下，单击"生成"按钮，即可生成 800px×1024px 的图像，如图 4.7 所示。

图 4.7　生成 800px×1024px 的图像

在生成的图像中选择一张满意的图像，并单击右下方的██图标，如图 4.8 所示，即可对当前图像单独进行高分辨率修复，如图 4.9 所示。

图 4.8　选择满意的图像　　　　　　　图 4.9　单独进行高分辨率修复的图像

思考与练习

通过学习本节，请读者按照高分辨率修复功能的参数设置，生成一张狗的图像。答案如图 4.10 所示。

图 4.10　狗

4.2　ADetailer 脸和手的修复

扫一扫，看视频

在 Stable Diffusion 中，由于画幅分辨率的限制，在生成全身图像时，人物的面部和手往往不能很好地生成，因此引入了 ADetailer 扩展插件。ADetailer 是整合包中自带的面部和手的修复插件，能够对面部和手进行检索并修复，如图 4.11 所示。

图 4.11 未开启与开启 ADetailer 扩展插件对比

1. 功能介绍

启动 Stable Diffusion，勾选"启用 After Detailer"复选框。该复选框提供了两个单元选项，即单元 1 和单元 2，两者功能界面一致，可以分别设置对脸和手的修复，如图 4.12 所示。

图 4.12 ADetailer

After Detailer 模型：ADetailer 扩展插件在对生成图像的脸部和手部进行处理的过程中，依赖于脸部模型和手部模型，选择不同的模型处理的效果也不尽相同。

整合包中提供了多种 After Detailer 模型，具体见表 4.4。

表 4.4 After Detailer 模型

模 型	目 标	mAP 50（类型）	mAP 50-95
face_yolov8n.pt	2D/ 逼真的脸部	0.660	0.366
face_yolow8s.pt	2D/ 逼真的脸部	0.713	0.404
hand_yolov8n.pt	2D/ 逼真的手	0.767	0.505
person_yolov8n-seg.pt	2D/ 写真人物	0.782（bbox） 0.761（掩码）	0.555（bbox） 0.460（掩码）
person_yolov8s-seg.pt	2D/ 写真人物	0.824（bbox） 0.809（蒙版）	0.605（bbox） 0.508（掩码）
mediapipe_face_full	逼真的脸	—	—
mediapipe_face_short	逼真的脸	—	—
mediapipe_face_mesh	逼真的脸	—	—

2. 面部重绘

在 ADetailer 扩展插件使用过程中，大部分基本参数不需要重新设置，保持默认值即可。如果在使用过程中脸部修改幅度过大，可根据实际需要调整局部重绘幅度，如图 4.13 所示。

图 4.13　调整局部重绘幅度

局部重绘幅度越大，对面部的改变越多。不同局部重绘幅度对比如图 4.14 所示。

图 4.14　不同局部重绘幅度对比

3. 操作步骤

打开 Stable Diffusion 操作界面，设置各项参数并开启 ADetailer 扩展插件，如图 4.15 所示。

图 4.15　设置各项参数并开启 ADetailer 扩展插件

具体参数设置见表 4.5。

表 4.5　具体参数设置

参　　数	值
版本	Stable Diffusion WebUI 启动器 1.9.3
大模型	山竹混合真实 1.5_28S_DPMSDE.fp16.safetensors
外挂 VAE 模型	—

参　　数	值	
CLIP 终止层数	2	
迭代步数	28	
采样方法	DPM++ SDE	
Schedule type	Automatic	
宽度	600px	
高度	768px	
总批次数	4	
单批数量	1	
提示词引导系数	7	
随机数种子	−1	
正向提示词	a girl wearing a round neck long sleeved dress, smiling, rapeseed flowers, grass background 一个穿着圆领长袖连衣裙的女孩、微笑、油菜花、草地背景	
反向提示词	—	
风格预设	摄影 − 山竹	
ADetailer	启用	
	After Detailer 模型	face_yolov8n.pt

　　按照以上参数设置完成后，单击"生成"按钮，即可得到生成的婚纱摄影图像，如图 4.16 所示。

图 4.16　婚纱摄影图像

思考与练习

　　通过学习本节，请读者根据 ADetailer 扩展插件的功能和参数设置，生成穿旗袍的女孩图像。

答案如图 4.17 所示。

图 4.17　穿旗袍的女孩

4.3　Tiled Diffusion 和 Tiled VAE

Tiled Diffusion 是整合包中自带的放大修复扩展插件，能够实现在有限显存下生成的不小于 2KB 的图像；Tiled VAE 扩展插件则能进一步降低显存的消耗。两者在文生图和图生图中都可以使用。

4.3.1　Tiled Diffusion 和 Tiled VAE 功能介绍

扫一扫，看视频

启动 Stable Diffusion，勾选 Tiled Diffusion 复选框，如图 4.18 所示。

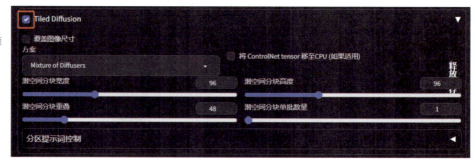

图 4.18　Tiled Diffusion 功能面板

1. Tiled Diffusion 功能介绍

（1）覆盖图像尺寸：开启此功能，则外部设置的尺寸无效，如图 4.19 所示。

图 4.19　覆盖图像尺寸

（2）"方案"下拉列表：包括 MultiDiffusion 和 Mixture of Diffusers 两个方案，如图 4.20 和图 4.21 所示。

图 4.20　MultiDiffusion 方案

图 4.21　Mixture of Diffusers 方案

1）MultiDiffusion：在文本到图像的生成过程中，进行多样化和可控的图像生成，将多个扩散生成过程通过一组共享参数或约束联系起来。

2）Mixture of Diffusers：在文本到图像的生成过程中，共同生成一张单一的图像。每个扩散器都专注于图像的特定区域，并考虑边界效应以促进平滑融合。

两者在功能上类似，可以根据实际效果择优选择。

2. Tiled VAE 功能介绍

Tiled VAE 能够显著减少显存（VRAM）使用量。以高分辨率修复为例，原来可以生成 1.5 倍的放大图像，开启 Tiled VAE 功能后，可以进行 2.0 倍的放大甚至更多。通常情况下，Tiled VAE 使用默认设置即可，如图 4.22 所示。

图 4.22　Tiled VAE 默认设置

4.3.2 实战——宽屏风景

通过 Tiled Diffusion 功能可以生成宽屏风景，如图 4.23 所示。

扫一扫，看视频

打开 Stable Diffusion 操作界面，设置各项参数并开启 Tiled Diffusion 功能，如图 4.24 所示。

图 4.24　设置各项参数并开启 Tiled Diffusion 功能

具体参数设置见表 4.6。

表 4.6　具体参数设置

参　数	值
版本	Stable Diffusion WebUI 启动器 1.9.3
大模型	山竹混合真实 1.5_28S_DPMSDE.fp16.safetensors
外挂 VAE 模型	—
CLIP 终止层数	2
迭代步数	28
采样方法	DPM++ 2M
Schedule type	Automatic
宽度	600px
高度	768px
总批次数	4
单批数量	1
提示词引导系数	5
随机数种子	−1
正向提示词	scenery 风景

参　　数	值	
反向提示词	—	
风格预设	基础起手式	
Tiled Diffusion	启用	
	覆盖图像尺寸	开启
	方案	MultiDiffusion
	潜空间分块宽度	256
	潜空间分块高度	256
	潜空间分块重叠	128
	潜空间分块单批数量	4

按照以上参数设置完成后，单击"生成"按钮，即可得到生成的风景图像，如图4.25所示。

图4.25　最终生成的风景图像

思考与练习

通过学习本小节，请读者根据 Tiled Diffusion 扩展插件的功能和参数设置，生成城市场景的宽屏图像。

答案如图4.26所示。

图4.26　城市场景

4.4　后　期　处　理

Stable Diffusion 的"后期处理"选项卡同样包含放大功能，既可以对单张图片放大，也可以进行批量处理，同时包含其他微调功能，如图4.27所示。

扫一扫，看视频

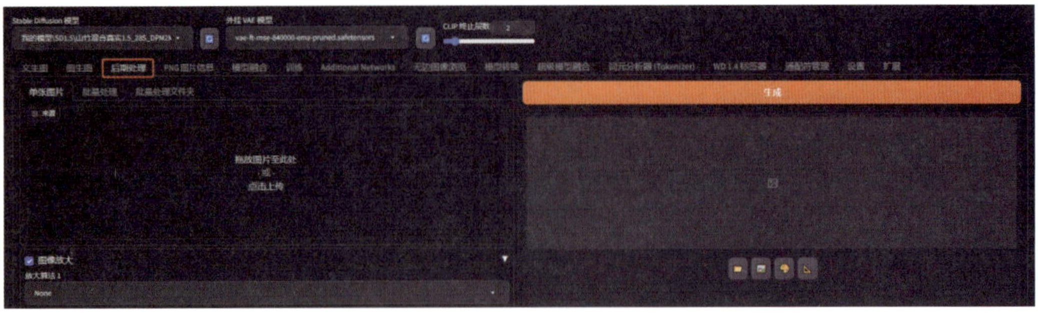

图 4.27 "后期处理"选项卡

"后期处理"选项卡中包含单张图片、批量处理和批量处理文件夹 3 种分类，由于其在功能上一致，只是加载方式有区别，因此这里只以单张图片处理为例进行讲解，如图 4.28 所示。

图 4.28 单张图片处理

1. 功能介绍

后期处理界面如图 4.29 所示。

图 4.29 后期处理界面

后期处理的具体参数设置见表 4.7。

表 4.7　后期处理的具体参数设置

选项	含义
图像加载区	在此区域加载需要处理的图像
图像放大	图像放大的主要功能区
GFPGAN	使用预训练的 GAN 模型恢复和增强模糊或损坏的人脸图像
CodeFormer	将低分辨率的图像转换为高分辨率的图像
分割过大的图像	可以对大尺寸图像进行局部处理
自动面部焦点剪裁	自动识别人物面部并按设定尺寸剪裁
自动按比例剪裁缩放	重新设置比例缩放
创建水平翻转副本	翻转图像并复制
生成标签	生成图像的文本描述

2. 操作步骤

步骤 01 启动界面。打开 Stable Diffusion 操作界面，选择"后期处理"选项卡，并在图像加载区导入图像，如图 4.30 所示。

图 4.30　导入图像

步骤 02 参数设置。选择"单张图片"选项卡，设置参数，如图 4.31 所示。

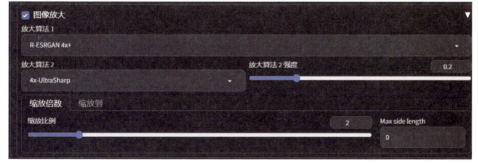

图 4.31　参数设置

具体参数设置见表 4.8。

表 4.8　具体参数设置

参　　数	值		
图像加载区	加载图像		
图像放大	启用		
	放大算法 1		R-ESRGAN 4x+
	放大算法 2		4x-UltraSharp
	缩放比例		2
GFPGAN	—		
CodeFormer	—		
分割过大的图像	—		
自动面部焦点剪裁	—		
自动按比例剪裁缩放	—		
创建水平翻转副本	—		
生成标签	—		

步骤 03 放大图像。设置完成后，单击"生成"按钮，得到放大 2 倍，即由原尺寸 600px×768px 放大到 1200px×1536px 的图像，如图 4.32 所示。

图 4.32　放大到 1200px×1536px 的图像

4.5　Ultimate SD upscale

Ultimate SD upscale（极致 SD 放大）是将标准清晰度的图像放大到高清（High Definite，HD）或更高分辨率的 SD 扩展插件，其能够在放大过程中增强细节、减少噪点、减少显存占用并在图像放大的质量和速度上达到平衡。

扫一扫，看视频 Ultimate SD upscale 插件在图生图"选项卡"中加载，也可以和其他插件结合使用，是目前较为常用的放大方法。

1. 功能介绍

Ultimate SD upscale 功能需要从"图生图"选项卡最下方的"脚本"下拉列表中调用，如图 4.33 所示。

图 4.33 "脚本"下拉列表

在"脚本"下拉列表中选择 Ultimate SD upscale 选项，调用后的界面如图 4.34 所示。

图 4.34 Ultimate SD upscale 操作界面

2. 操作步骤

步骤 01 启动界面。打开 Stable Diffusion 操作界面，选择"图生图"选项卡，并在图像加载区导入图像，如图 4.35 所示。

图 4.35 导入图像

步骤 02 设置基本参数。大模型选择山竹混合真实 1.5_28S_DPMSDE.fp16.safetensors，外挂 VAE 模型选择 vae-ft-mse-840000-ema-pruned.safetensors，提示词预设选择"常规质量 - 山竹"，采样方法选择 DPM++ 2M，Schedule type 选择 SGM Uniform，迭代步数设置为 30，重绘

尺寸适配图像，总批次数设置为 1，提示词引导系数设置为 5，重绘幅度设置为 0.3，其他参数保持默认值，如图 4.36 所示。

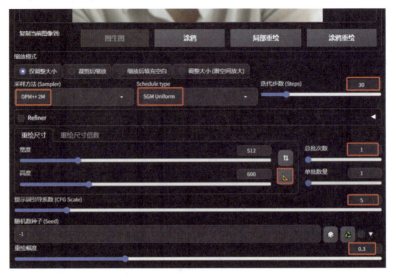

图 4.36 设置基本参数

步骤 03 设置 Ultimate SD upscale 参数。目标尺寸类型选择 Scale from image size，尺度设置为 4，放大算法选择 R-ESRGAN 4x+，类型选择 Chess，接缝修复类型选择 Half tile offset pass，勾选"接缝修复"复选框，如图 4.37 所示。

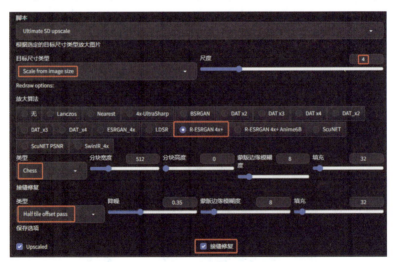

图 4.37 设置 Ultimate SD upscal 参数

具体参数设置见表 4.9。

表 4.9 具体参数设置

参　　数	值
版本	Stable Diffusion WebUI 启动器 1.9.3
大模型	山竹混合真实 1.5_28S_DPMSDE.fp16.safetensors

参　　数	值		
外挂 VAE 模型	vae-ft-mse-840000-ema-pruned.safetensors		
CLIP 终止层数	2		
迭代步数	30		
采样方法	DPM++ 2M		
Schedule type	SGM Uniform		
宽度	512px		
高度	600px		
总批次数	1		
单批数量	1		
提示词引导系数	5		
随机数种子	−1		
重绘幅度	0.3		
正向提示词	—		
反向提示词	—		
风格预设	常规质量－山竹		
Ultimate SD upscale	启用		
	目标尺寸类型	Scale from image size（从图像大小缩放）	
	尺度	4	
	放大算法	R-ESRGAN 4x+	
	类型	Chess（块）	
	接缝修复类型	Half tile offset pass（半平铺偏移通道）	
	按缝修复	勾选	

步骤 04 放大图像。设置完成后，单击"生成"按钮，得到放大 4 倍，即由原尺寸 512px×600px 放大到 2048px×2400px 的图像，整体图像及细节效果如图 4.38 所示。

图 4.38　整体图像及细节效果

4.6 局部重绘

在实际应用中，很多图像的宽度或高度达不到使用需求，此时就需要对图像进行扩图处理，如图 4.39 所示。

图 4.39　扩图处理前后效果对比

1. 功能介绍

局部重绘功能需要从"图生图"选项卡的"局部重绘"选项卡中调用，如图 4.40 所示。

图 4.40　局部重绘

2. 操作步骤

步骤 01　启动界面。打开 Stable Diffusion 操作界面，选择"图生图"选项卡，在"局部重绘"选项卡的图像加载区导入图像，如图 4.41 所示。

图 4.41　导入局部重绘图像

步骤 02　设置基本参数。大模型选择 realisticVisionV60B1_v51VAE-inpainting.safetensors，

外挂 VAE 模型选择 NONE，提示词预设选择"常规质量 - 山竹"，缩放模式设置为"缩放后填充空白"，采样方法选择 DPM++ SDE，Schedule type 选择 Karras，迭代步数设置为 30，重绘尺寸设置为 1200px×768px，总批次数设置为 1，单批数量设置为 1，提示词引导系数设置为 7，重绘幅度设置为 1，其他参数保持默认值，如图 4.42 所示。

图 4.42　设置基本参数

参数设置完成后，单击"生成"按钮，得到的图像如图 4.43 所示。

图 4.43　1200px×768 px 的图像

步骤 03 重绘变形区域。将生成的图像拖动到"局部重绘"选项卡，选择"喷枪"图标并调整笔刷大小，将左侧变形区域涂满，如图 4.44 所示。

图 4.44　涂满左侧区域

步骤 04 添加正向提示词。在正向提示词文本框中输入 canola flowers,tree background,sky（油菜花、树背景、天空），单击"生成"按钮，得到的图像如图 4.45 所示。

图 4.45　左侧区域补充完成

步骤 05 补充右侧区域。重复步骤 03 和步骤 04，将右侧区域补充完整，如图 4.46 所示。

图 4.46　右侧区域补充完成

最终效果如图 4.47 所示。

图 4.47　最终效果

思考与练习

通过学习本节，请读者依据局部重绘的扩图功能和参数设置补充图像。

答案如图 4.48 所示。

图 4.48　扩图效果

4.7　PNG 图片信息

PNG 图片信息是一项常用的基础功能，主要用于查看 Stable Diffusion 生成图像参数和设置等内容。

扫一扫，看视频

1. 功能介绍

"PNG 图片信息"选项卡如图 4.49 所示。

图 4.49　"PNG 图片信息"选项卡

Stable Diffusion 生成的图像除了从细节、透视、结构、生理和自然规律等直观特征区分以外，还可以从图像生成信息来查看和辨别。Stable Diffusion 生成的图像中包含了生成过程中所使用的内部参数和具体设置信息，如图 4.50 所示。

图 4.50　Stable Diffusion 生成的图像信息

非 Stable Diffusion 图像则不包含此类信息，如图 4.51 所示。

图 4.51　非 Stable Diffusion 图像

2. 操作步骤

步骤 01　启动界面。打开 Stable Diffusion 操作界面，选择"PNG 图片信息"选项卡，在图像加载区导入图像，如图 4.52 所示。

图 4.52　导入图像

步骤 02　发送图像。在生成信息下方列出了下一步的操作，可根据实际需要进行复刻或修改，如图 4.53 所示。

图 4.53　"发送到文生图" 按钮

步骤 03　复刻图像。在 "文生图" 选项卡中会自动匹配好图像的参数设置，如图 4.54 所示。

图 4.54　匹配的参数

单击 "生成" 按钮，即可得到复刻的图像，如图 4.55 所示。

图 4.55　复刻的图像

思考与练习

通过学习本节，请读者依据 PNG 图片信息功能复刻图像。

答案如图 4.56 所示。

图 4.56　室内设计

第 5 章　LoRA 模型应用

　　LoRA 模型是Stable Diffusion 大模型的微调模型,在不修改大模型的前提下,LoRA 模型可利用少量图像训练出一种风格或者人物,实现定制化需求。LoRA 模型所需的训练资源比训练 SD 模型要小很多,是目前 Stable Diffusion 重要的功能之一。

　　LoRA 模型依据大模型训练而来,因此也受限于大模型版本,不同版本之间并不通用。SD 1.5 版本的 LoRA 模型只能调整 SD 1.5 版本的大模型,同理,SDXL 版本的 LoRA 模型只能作用于 SDXL 模型。

　　LoRA 技术提供了一种优化大型预训练模型的高效微调途径。在 Stable Diffusion 的应用中,LoRA 通过整合低秩矩阵对大模型的参数进行调整,以实现对大模型的迅速适配和性能提升。LoRA 模型能够保留原始大模型的特征,避免了对大模型进行全面的调整,显著增强了训练过程的效率。

ⓒ 本章概述

　　通过学习本章,读者可掌握 LoRA 模型的使用方法,了解不同风格 LoRA 模型的应用场景,熟练使用不同 LoRA 参数设置并应用于实践。

ⓒ 本章重点

　　(1)通用 LoRA 模型。
　　(2)风格 LoRA 模型。

5.1　通用 LoRA 模型

　　通用 LoRA 模型是指可以和任何风格 LoRA 模型结合使用的模型,旨在提高或者加强其他风格 LoRA 模型的艺术表现力、构图或细节等。通用 LoRA 模型既可以单独使用,也可以和其他风格 LoRA 模型组合使用。

5.1.1 实战——机甲熊猫

扫一扫，看视频

本小节使用 xl_more_art-full_v1 强化艺术风格 LoRA 模型生成机甲熊猫。

1. xl_more_art-full_v1 的特点

xl_more_art-full_v1 是应用非常广泛的 SDXL 版本的 LoRA 模型，对于各类艺术风格和画面表现都具有很好的发挥和强化作用，其权重范围是 0.3 ~ 1.4，如图 5.1 所示。

图 5.1　xl_more_art-full_v1 不同权重对比

图 5.2 所示为未使用和使用 xl_more_art-full_v1 模型后的效果对比。

图 5.2　未使用和使用 xl_more_art-full_v1 模型后的效果对比

2. 机甲熊猫案例效果展示

机甲熊猫案例效果展示如图 5.3 所示。

图 5.3　机甲熊猫案例效果展示

3. 操作步骤

步骤 01 启动界面。打开 Stable Diffusion 操作界面，添加提示词并设置各项参数，具体设置见表 5.1。

表 5.1　机甲熊猫参数设置

参　　数	值
版本	Stable Diffusion WebUI 启动器 1.9.3
大模型	山竹混合真实 Lightning_6S_DPMSDE
外挂 VAE 模型	—
CLIP 终止层数	2
迭代步数	12
采样方法	Euler a
Schedule type	SGM Uniform
宽度	800px
高度	1024px
总批次数	4
单批数量	1
提示词引导系数	1.25
随机数种子	1389697079
正向提示词	Mecha mechanical,fat panda,(angry:1.2),upper body,white black gold metal,(red logo:0.8),fire,smoke,battlefield background,three-quarter view 机甲、胖熊猫、（愤怒:1.2）、上身、白色黑色金色金属、（红色标志:0.8）、火焰、烟雾、战场背景、四分之三视图
反向提示词	—
风格预设	摄影 - 山竹、超现实主义艺术 - 山竹
LoRA 模型	xl_more_art-full_v1，权重值 0.75

高分辨率修复	启用	
	放大算法	4x-UltraSharp
	高分迭代步数	10
	重绘幅度	0.45
	放大倍数	1.5

步骤 02 加载 xl_more_art-full_v1 强化艺术风格 LoRA 模型。在页面中部的菜单选项卡中选择 Lora 选项卡，如图 5.4 所示。

图 5.4　选择 Lora 选项卡

选择 xl_more_art-full_v1 图标，如图 5.5 所示。

图 5.5　选择 xl_more_art-full_v1 图标

在正向提示词文本框中能够看到已经将 xl_more_art-full_v1 添加到句尾，如图 5.6 所示。

图 5.6　正向提示词文本框中的 xl_more_art-full_v1

步骤 03 生成图像。单击"生成"按钮，得到 4 张图像，如图 5.7 所示。

图 5.7　生成的机甲熊猫图像

步骤 04 高清放大。选择第 1 张图像，单击 ■ 图标，将图像进行 1.5 倍高清放大，得到的最终图像效果见图 5.3。

思考与练习

通过学习本小节，请读者添加 xl_more_art-full_v1 模型并设置参数，生成机甲兔子的图像。答案如图 5.8 所示。

图 5.8　机甲兔子

5.1.2　实战——自然的低吼

本小节使用 RMSDXL_Creative 构图增强 LoRA 模型生成自然的低吼图像。

1. RMSDXL_Creative 的特点

扫一扫，看视频

RMSDXL_Creative 是构图增强 LoRA 模型，能够根据权重的不同对画面的构图效果产生不同的影响，其权重范围是 0 ~ 3，如图 5.9 所示。

图 5.9　RMSDXL_Creative 权重值 0 ~ 3 对比

图 5.10 所示为未使用和使用 RMSDXL_Creative 模型后的效果对比，如图 5.10 所示。

图 5.10　未使用和使用 RMSDXL_Creative 模型后的效果对比

2. 自然的低吼案例效果展示

自然的低吼案例效果展示如图 5.11 所示。

图 5.11　自然的低吼案例效果展示

3. 操作步骤

步骤 01　启动界面。打开 Stable Diffusion 操作界面，添加提示词并设置各项参数，具体设置见表 5.2。

表 5.2　自然的低吼参数设置

参　　数	值
版本	Stable Diffusion WebUI 启动器 1.9.3
大模型	山竹混合真实 Lightning_6S_DPMSDE
外挂 VAE 模型	—
CLIP 终止层数	2
迭代步数	12
采样方法	DPM++ SDE
Schedule type	Automatic
宽度	1024px
高度	800px
总批次数	4
单批数量	1
提示词引导系数	1.25
随机数种子	4077066328
正向提示词	a tiger on a sci-fi planet,open mouth,angry,fangs,full body,smoke in the distance,flame,dead branch,abandoned factories,the forest on fire 一只科幻星球上的老虎、张着嘴、愤怒、尖牙、全身、远处的烟雾、火焰、枯枝、废弃的工厂、着火的森林
反向提示词	—
风格预设	超现实主义艺术 - 山竹

参　数	值	
LoRA 模型	RMSDXL_Creative，权重值为 1	
高分辨率修复	启用	
	放大算法	DAT x2
	高分迭代步数	4
	重绘幅度	0.35
	放大倍数	1.5

步骤 02 加载 RMSDXL_Creative 构图增强 LoRA 模型。在页面中部的菜单选项卡中选择 Lora 选项卡，如图 5.12 所示。

图 5.12　选择 Lora 选项卡

选择 RMSDXL_Creative 图标，如图 5.13 所示。

图 5.13　选择 RMSDXL_Creative 图标

在正向提示词文本框中能够看到已经将 RMSDXL_Creative 添加到句尾，如图 5.14 所示。

图 5.14　正向提示词文本框中的 RMSDXL_Creative

步骤 03 生成图像。单击"生成"按钮，得到 4 张图像，如图 5.15 所示。

图 5.15　生成的"自然的低吼"图像

步骤 04 高清放大。选择第 1 张图像，单击 ▣ 图标，将图片进行 1.5 倍高清放大，得到的最终图像效果见图 5.11。

思考与练习

通过学习本小节，请读者添加 RMSDXL_Creative 模型并设置权重值为 3，生成灰色田鼠的图像。

答案如图 5.16。

图 5.16　灰色田鼠

5.1.3　实战——小浣熊的童话

本小节使用 add-detail-xl 调整细节 LoRA 模型生成小浣熊的童话图像。

1. add-detail-xl 的特点

add-detail-xl 是调整图像细节的 LoRA 模型，能够在既定步数下通过调整权重值来增加或减少图像细节，达到调整画面内容的效果。add-detail-xl 的权重范围是 -1 ~ 1，如图 5.17 所示。

扫一扫，看视频

图 5.17　add-detail-xl 不同权重对比

图 5.18 所示为未使用和使用 add-detail-xl 模型后的效果对比。

图 5.18　未使用和使用 add-detail-xl 模型后的效果对比

2. 小浣熊的童话案例效果展示

小浣熊的童话案例效果展示如图 5.19 所示。

图 5.19　小浣熊的童话案例效果展示

3. 操作步骤

步骤 01　启动界面。打开 Stable Diffusion 操作界面，添加提示词并设置各项参数，具体设置见表 5.3。

表 5.3　小浣熊的童话参数设置

参　　数	值
版本	Stable Diffusion WebUI 启动器 1.9.3
大模型	山竹混合真实 Lightning_6S_DPMSDE
外挂 VAE 模型	—
CLIP 终止层数	2
迭代步数	12
采样方法	Euler a
Schedule type	SGM Uniform

参　　数	值
宽度	800px
高度	1024px
总批次数	4
单批数量	1
提示词引导系数	1.2
随机数种子	3474489704
正向提示词	cute cartoon character,(baby raccoon listening to music:1.1),headphones, antenna,close up,solo focus,(smiling enjoyment:1.1),cartoon house surrounded by flowers in the background,spring jungle 可爱的卡通角色、（听音乐的小浣熊：1.1）、耳机、天线、特写、独奏焦点、（微笑享受：1.1）、背景中鲜花环绕的卡通房子、春天的丛林
反向提示词	—
风格预设	常规质量 - 山竹
LoRA 模型	add-detail-xl，权重值为 1

高分辨率修复	启用	
	放大算法	DAT x2
	高分迭代步数	4
	重绘幅度	0.35
	放大倍数	1.5

步骤 02 加载 add-detail-xl 调整细节 LoRA 模型。在页面中部的菜单选项卡中选择 Lora 选项卡，如图 5.20 所示。

图 5.20　选择 Lora 选项卡

选择 add-detail-xl 图标，如图 5.21 所示。

图 5.21　选择 add-detail-xl 图标

在正向提示词文本框中能够看到已经将 add-detail-xl 添加到句尾，如图 5.22 所示。

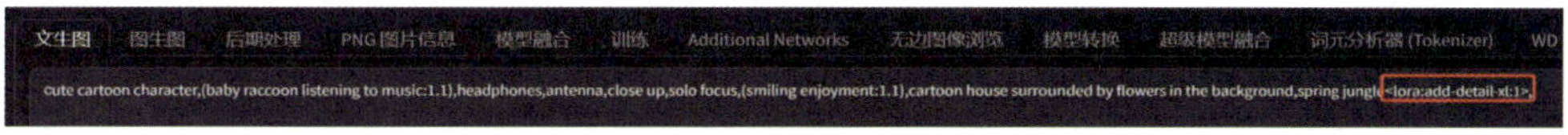

| 文生图 | 图生图 | 后期处理 | PNG图片信息 | 模型融合 | 训练 | Additional Networks | 无边际图像浏览 | 模型转换 | 超级模型融合 | 词元分析器 (Tokenizer) | WD |

cute cartoon character,(baby raccoon listening to music:1.1),headphones,antenna,close up,solo focus,(smiling enjoyment:1.1),cartoon house surrounded by flowers in the background,spring jungle,<lora:add-detail-xl:1>

图 5.22　正向提示词文本框中的 add-detail-xl

步骤 03 生成图像。单击"生成"按钮，得到 4 张图像，如图 5.23 所示。

图 5.23　生成的小浣熊的童话图像

步骤 04 高清放大。选择第 1 张图像，单击 图标，将图像进行 1.5 倍高清放大，得到的最终图像效果见图 5.19。

思考与练习

通过学习本小节，请读者添加 add-detail-xl 模型并设置权重值为 1，生成可爱的鹦鹉图像。答案如图 5.24 所示。

图 5.24　可爱的鹦鹉图像

5.2　风格 LoRA 模型

风格 LoRA 模型是指具有鲜明特点或画风的模型。此类模型能够稳定、高质量地生成特定风格的图像，一般情况下，需要特殊的触发词来调用当前的画风或概念。风格 LoRA 模型可以和通用 LoRA 模型组合使用，其应用范围广泛，如电商、卡通、摄影、国画类等。

5.2.1　实战——耳机电商产品图像

本小节使用极简主义_ jijianzhuyi LoRA 模型生成耳机电商产品图像。

1. 极简主义_ jijianzhuyi 的特点

极简主义_ jijianzhuyi 是生成电商产品图像的 LoRA 模型，此模型主要针对电商行业的产品生成图像，种类多样，使用范围广泛，既可以单独使用，也可以结合其他 LoRA 模型和插件共同使用。其权重范围为 0.65 ~ 0.85，如图 5.25 所示。

图 5.25　极简主义_ jijianzhuyi 不同权重对比

图 5.26 所示为未使用和使用极简主义_ jijianzhuyi 模型后的效果对比。

图 5.26　未使用和使用极简主义_ jijianzhuyi 模型后的效果对比

2. 耳机电商产品案例效果展示

耳机电商产品案例效果展示如图 5.27 所示。

图 5.27　耳机电商产品案例效果展示

3. 操作步骤

步骤 01　启动界面。打开 Stable Diffusion 操作界面，添加提示词并设置各项参数，具体参数设置见表 5.4。

表 5.4　耳机电商产品具体参数设置

参　　数	值
版本	Stable Diffusion WebUI 启动器 1.9.3
大模型	山竹混合真实 Lightning_6S_DPMSDE
外挂 VAE 模型	—
CLIP 终止层数	2
迭代步数	12
采样方法	DPM++ SDE
Schedule type	Automatic
宽度	800px
高度	1024px
总批次数	4
单批数量	1
提示词引导系数	1.2
随机数种子	2330188205
正向提示词	macro shooting of a still life,white headphones,close up, grass,flower,leaves,spring park background 微距拍摄静物、白色耳机、特写、草、花、树叶、春天公园背景
反向提示词	—
风格预设	常规质量－山竹

参　　数	值	
LoRA 模型	极简主义 _jijianzhuyi，权重值为 0.6	
高分辨率修复	启用	
	放大算法	DAT x2
	高分迭代步数	4
	重绘幅度	0.35
	放大倍数	1.5

步骤 02 生成图像。参数设置完成后，单击"生成"按钮，即可得到 4 张图像，如图 5.28 所示。

图 5.28　生成的耳机电商产品图像

步骤 03 高清放大。选择一张满意的图像，单击 ■ 图标，将图像进行高清放大，得到的最终图像效果见图 5.27。

思考与练习

通过学习本小节，请读者添加极简主义 _jijianzhuyi 模型并调整权重值，生成香水电商产品图像。

答案如图 5.29 所示。

图 5.29　香水电商产品

5.2.2　实战——卡通角色创意图像

本小节使用 Cute 3D Cartoon 3D 卡通 LoRA 模型生成卡通角色创意图像。

1. Cute 3D Cartoon 的特点

Cute 3D Cartoon 是针对卡通角色的 LoRA 模型，此模型主要针对 3D 卡通角色进行创意，既可以生成角色形象，也可以生成卡通场景。其权重值为 1。

图 5.30 所示为未使用和使用 Cute 3D Cartoon 模型后的效果对比。

图 5.30　未使用和使用 Cute 3D Cartoon 模型后的效果对比

2. 卡通角色案例效果展示

卡通角色案例效果展示如图 5.31 所示。

图 5.31　卡通角色案例效果展示

3. 操作步骤

步骤 01　启动界面。打开 Stable Diffusion 操作界面，添加提示词并设置各项参数，具体参数设置见表 5.5。

表 5.5　卡通角色具体参数设置

参　　数	值
版本	Stable Diffusion WebUI 启动器 1.9.3
大模型	山竹混合真实 Lightning_6S_DPMSDE
外挂 VAE 模型	—

参　数	值
CLIP 终止层数	2
迭代步数	12
采样方法	Euler a
Schedule type	SGM Uniform
宽度	800px
高度	1024px
总批次数	4
单批数量	1
提示词引导系数	1
随机数种子	1318597548
正向提示词	cute,1 girl sitting on grass,play the guitar and sing,open mouth,close up,spring background 可爱、1个女孩坐在草地上、弹吉他唱歌、张大嘴巴、特写、春天的背景
反向提示词	—
风格预设	常规质量－山竹
LoRA 模型	Cute_3D_Cartoon，权重值为 0.7

	启用	
高分辨率修复	放大算法	DAT x2
	高分迭代步数	4
	重绘幅度	0.35
	放大倍数	1.5

步骤 02 生成图像。参数设置完成后，单击"生成"按钮，即可得到 4 张图像，如图 5.32 所示。

图 5.32　卡通角色创意图像

步骤 03 高清放大。选择一张满意的图像，单击■图标，将图像进行高清放大，得到的最终图像效果见图 5.31。

思考与练习

通过学习本小节，请读者添加 Cute 3D Cartoon 模型并调整权重值，生成可爱的小象图像。答案如图 5.33 所示。

图 5.33 可爱的小象

扫一扫，看视频

5.2.3 实战——熊猫 PANDA 创意标志图像

本小节使用 Harrlogos_v2.0 LoRA 模型生成熊猫 PANDA 创意标志图像。

1. Harrlogos_v2.0 的特点

Harrlogos_v2.0 是生成英文标志的 LoRA 模型，可以根据创意生成不同形式、不同创意的 LOGO 图像。Harrlogos_v2.0 可以单独使用，也可以结合其他 LoRA 模型和插件共同使用。其具体使用方法和提示词格式要求如图 5.34 所示。

图 5.34 具体使用方法和提示词格式要求

其他相关的提示词见表 5.6。

表 5.6 其他相关的提示词

提示词类型	提 示 词
提示词格式	("panda":1.3) text logo （"文本"：1.3）文字标志
文本颜色	blue, teal, gold, rainbow, red, orange, white, cyan, purple, green, yellow, grey, silver, black 蓝色、蓝绿色、金色、彩虹色、红色、橙色、白色、青色、紫色、绿色、黄色、灰色、银色、黑色
整体风格	dripping, colorful, graffiti, tattoo, anime, pixel art, 8-bit, 16-bit, 32-bit, metal, metallic, spikey, stone, splattered, comic book, 80s, neon, 3D 滴水、彩色、涂鸦、文身、动漫、像素艺术、8 位、16 位、32 位、金属、金属般的、尖刺、石头、飞溅、漫画节、80 年代、霓虹灯、3D
装饰风格	smoke,fire,flames,tentacles,hell,glow,horns,wings,halo,roots,embossed,blood,digital, ice,frozen,Japan,chrome,pastel,robotic,hearts,cute 烟、火、火焰、触手、地狱、微光、角、翅膀、光环、根、浮雕、血液、数字、冰、冷冻、日本、铬、粉彩、机器人、心脏、可爱
附加内容	cat,sword,owl,cat ears,Cthulhu,sun,roses,clouds,space,stars,skeletons,demons,fog, trees,moon,skulls,bones,planet,earth,cherry blossom, pentagram, lightning, bolts, crown, circle, moth 猫、剑、猫头鹰、猫耳朵、克苏鲁、太阳、玫瑰、云、空间、星星、骷髅、恶魔、雾、树、月亮、头骨、骨头、行星、地球、樱花、五角星、闪电、螺栓、王冠、圆、蛾

2. 熊猫 PANDA 创意标志图像效果展示

熊猫 PANDA 创意标志图像效果展示如图 5.35 所示。

图 5.35　熊猫 PANDA 创意标志图像效果展示

3. 操作步骤

步骤 01　启动界面。打开 Stable Diffusion 操作界面，添加提示词并设置各项参数，具体参数设置见表 5.7。

表 5.7　熊猫 PANDA 创意标志图像具体参数设置

参　　　数	值
版本	Stable Diffusion WebUI 启动器 1.9.3
大模型	山竹混合真实 Lightning_6S_DPMSDE
外挂 VAE 模型	—
CLIP 终止层数	2
迭代步数	8
采样方法	Euler a
Schedule type	SGM Uniform
宽度	1024px
高度	800px
总批次数	4
单批数量	1
提示词引导系数	1
随机数种子	2835003717
正向提示词	("PANDA":1.1)text logo,SVG,vector graphic,simple,flat colors,cute panda emerging from text,letters made of bamboo,close up （"熊猫"：1.1）文字标志、可伸缩向量图形、矢量图形、简单、扁平的颜色、可爱的熊猫从文字中浮现、竹子做成的字母、特写
反向提示词	((double letters)),((repeating letters)),((more than 8 letters)),gradient,vignette,background,vignetting,pencil,jpeg,jpg,chromatic aberration,detailed,intricate,realistic （（双字母））、（（重复字母））、（（超过 8 个字母））、渐变、渐晕、背景、渐晕、铅笔、jpeg、jpg、色差、详细、复杂、逼真
风格预设	常规质量－山竹

参　数	值	
LoRA 模型	Harrlogos_v2.0，权重值为 1	
高分辨率修复	启用	
	放大算法	DAT x2
	高分迭代步数	4
	重绘幅度	0.35
	放大倍数	1.5

步骤 02 生成图像。参数设置完成后，单击"生成"按钮，即可得到 4 张图像，如图 5.36 所示。

图 5.36　熊猫 PANDA 创意标志效果图像

步骤 03 高清放大。选择一张满意的图像，单击 ■ 图标，将图像进行高清放大，得到的最终图像效果见图 5.35。

思考与练习

通过学习本小节，请读者添加 Harrlogos_v2.0 模型和提示词，生成鹦鹉的 LOGO 图像。答案如图 5.37 所示。

图 5.37　鹦鹉的 LOGO 图像

5.2.4 实战——森林童话绘本图像

扫一扫,看视频

本小节使用 zavy-ctsmtrc-sdxl 等轴 LoRA 模型生成森林童话绘本图像。

1. zavy-ctsmtrc-sdxl 的特点

zavy-ctsmtrc-sdxl 是生成等轴风格儿童绘本的 LoRA 模型。等轴测图是一种绘图方法,它通过将物体的三个主要方向以相等的角度展示来创建三维效果。在绘制等轴测图时,物体的边按照特定的等轴测角度进行缩放,而不是简单地按绘图比例缩放。尽管物体上所有平行线在绘制时仍然保持平行,但它们的长度会根据等轴测投影的角度进行调整,以在二维平面上呈现出三维的视觉效果。可以简单将其理解为保持固定视角、无透视关系(近大远小)的立体图形,权重值为 1。

图 5.38 所示为未使用和使用 zavy-ctsmtrc-sdxl 模型后的效果对比。

图 5.38　未使用和使用 zavy-ctsmtrc-sdxl 模型后的效果对比

2. 森林童话绘本图像效果展示

森林童话绘本图像效果展示如图 5.39 所示。

图 5.39　森林童话绘本图像效果展示

3. 操作步骤

步骤 01 启动界面。打开 Stable Diffusion 操作界面，添加提示词并设置各项参数，具体参数设置见表 5.8。

表 5.8　森林童话绘本图像具体参数设置

参　数	值		
版本	Stable Diffusion WebUI 启动器 1.9.3		
大模型	山竹混合真实 Lightning_6S_DPMSDE		
外挂 VAE 模型	—		
CLIP 终止层数	2		
迭代步数	12		
采样方法	DPM++ 3M SDE		
Schedule type	SGM Uniform		
宽度	800px		
高度	1024px		
总批次数	4		
单批数量	1		
提示词引导系数	1		
随机数种子	976858090		
正向提示词	miniature landscape,a deer under a big tree,waterfalls,zavy-ctsmtrc,isometric 微型景观、大树下的鹿、瀑布、zavy-ctsmtrc、等距		
反向提示词	—		
风格预设	—		
LoRA 模型	zavy-ctsmtrc-sdxl，权重值为 1		
高分辨率修复	启用		
	放大算法	R-ESRGAN 4x+	
	高分迭代步数	4	
	重绘幅度	0.35	
	放大倍数	1.5	

步骤 02 生成图像。参数设置完成后，单击"生成"按钮，即可得到 4 张图像，如图 5.40 所示。

图 5.40　森林童话绘本图像

步骤 03 高清放大。选择一张满意的图像,单击■图标,将图像进行高清放大,得到的最终图像效果见图 5.39。

思考与练习

通过学习本小节,请读者添加 zavy-ctsmtrc-sdxl 模型和提示词,生成中国建筑图像。答案如图 5.41 所示。

图 5.41　中国建筑图像

5.2.5　实战——熔岩霸王龙图像

扫一扫,看视频

本小节使用 ral-lava-sdxl-v2 熔岩 LoRA 模型生成熔岩霸王龙图像。

1. ral-lava-sdxl-v2 的特点

ral-lava-sdxl-v2 是生成熔岩火山风格的 LoRA 模型,权重值为 1。图 5.42 所示为未使用和使用 ral-lava-sdxl-v2 模型后的效果对比。

图 5.42　未使用和使用 ral-lava-sdxl-v2 模型后的效果对比

2. 熔岩霸王龙图像效果展示

熔岩霸王龙图像效果展示如图 5.43 所示。

图 5.43　熔岩霸王龙图像效果展示

3. 操作步骤

步骤 01　启动界面。打开 Stable Diffusion 操作界面，添加提示词并设置各项参数，具体参数设置见表 5.9。

表 5.9　熔岩霸王龙图像具体参数设置

参　　数	值		
版本	Stable Diffusion WebUI 启动器 1.9.3		
大模型	山竹混合真实 Lightning_6S_DPMSDE		
外挂 VAE 模型	—		
CLIP 终止层数	2		
迭代步数	12		
采样方法	DPM++ 3M SDE		
Schedule type	SGM Uniform		
宽度	800px		
高度	1024px		
总批次数	4		
单批数量	1		
提示词引导系数	1		
随机数种子	976858090		
正向提示词	a giant Tyrannosaurus rex on a volcano,lava,smoke and bald trees,magma falls,canyon background,ral-lava 火山上的巨型霸王龙、熔岩、烟雾和秃树、岩浆瀑布、峡谷背景、火山熔岩		
反向提示词	—		
风格预设	—		
LoRA 模型	ral-lava-sdxl-v2，权重值为 0.8		
高分辨率修复	启用		
	放大算法	R-ESRGAN 4x+	
	高分迭代步数	10	
	重绘幅度	0.35	
	放大倍数	1.5	

步骤 02 生成图像。参数设置完成后，单击"生成"按钮，即可得到 4 张图像，如图 5.44 所示。

图 5.44　熔岩霸王龙图像

步骤 03 高清放大。选择一张满意的图像，单击 图标，将图像进行高清放大，得到的最终图像效果见图 5.43。

思考与练习

通过学习本小节，请读者添加 ral-lava-sdxl-v2 模型和提示词，生成熔岩狮子图像。答案如图 5.45 所示。

图 5.45　熔岩狮子图像

5.2.6　实战——水蝴蝶图像

扫一扫，看视频

本小节使用 watce-sdxl-v2 水风格 LoRA 模型生成水蝴蝶图像。

1. watce-sdxl-v2 的特点

watce-sdxl-v2 是生成水风格的 LoRA 模型，权重值为 1。

图 5.46 所示为未使用和使用 watce-sdxl-v2 模型后的效果对比。

未使用watce-sdxl-v2 模型　　使用watce-sdxl-v2 模型

图 5.46　未使用和使用 watce-sdxl-v2 模型后的效果对比

2. 水蝴蝶图像效果展示

水蝴蝶图像效果展示如图 5.47 所示。

图 5.47　水蝴蝶图像效果展示

3. 操作步骤

步骤 01 启动界面。打开 Stable Diffusion 操作界面，添加提示词并设置各项参数，具体参数设置见表 5.10。

表 5.10　水蝴蝶图像具体参数设置

参　　　数	值
版本	Stable Diffusion WebUI 启动器 1.9.3
大模型	山竹混合真实 Lightning_6S_DPMSDE
外挂 VAE 模型	—
CLIP 终止层数	2
迭代步数	12

参 数	值		
采样方法	DPM++ 3M SDE		
Schedule type	SGM Uniform		
宽度	800px		
高度	1024px		
总批次数	4		
单批数量	1		
提示词引导系数	1.25		
随机数种子	1448662476		
正向提示词	photograph of a transparent butterfly,with futuristic bioluminescent fiber optics,vibrant colorful,ethereal lighting,artstation,conceptual art,cinematic,digital painting,original composition,4K resolution,visually stunning,water 一只透明蝴蝶的照片、带有未来的生物发光光纤、充满活力的彩色、空灵的照明、艺术站、概念艺术、电影、数字绘画、原创构图、4K 分辨率、视觉震撼、水		
反向提示词	—		
风格预设	摄影 - 山竹		
LoRA 模型	watce-sdxl-v2，权重值为 1		
高分辨率修复	启用		
	放大算法	R-ESRGAN 4x+	
	高分迭代步数	10	
	重绘幅度	0.35	
	放大倍数	1.5	

步骤 02 生成图像。参数设置完成后，单击"生成"按钮，即可得到 4 张图像，如图 5.48 所示。

图 5.48　水蝴蝶图像

步骤 03 高清放大。选择一张满意的图像，单击 ■ 图标，将图像进行高清放大，得到的最终图像效果见图 5.47。

通过学习本小节，请读者添加 watce-sdxl-v2 模型和提示词，生成水风格的海豚图像。
答案如图 5.49 所示。

图 5.49　水风格的海豚图像

5.2.7　实战——机甲金刚图像

本小节使用 aesthetic_anime_v1s 美学动漫 LoRA 模型生成机甲金刚图像。

1. aesthetic_anime_v1s 的特点

aesthetic_anime_v1s 是美学动漫的 LoRA 模型，权重值为 1。

图 5.50 所示为未使用和使用 aesthetic_anime_v1s 模型后的效果对比。

扫一扫，看视频

图 5.50　未使用和使用 aesthetic_anime_v1s 模型后的效果对比

2. 机甲金刚图像效果展示

机甲金刚图像效果展示如图 5.51 所示。

图 5.51　机甲金刚图像效果展示

3. 操作步骤

步骤 01 启动界面。打开 Stable Diffusion 操作界面，添加提示词并设置各项参数，具体参数设置见表 5.11。

表 5.11　机甲金刚具体参数设置

参　　数	值
版本	Stable Diffusion WebUI 启动器 1.9.3
大模型	山竹混合真实 Lightning_6S_DPMSDE
外挂 VAE 模型	—
CLIP 终止层数	2
迭代步数	10
采样方法	DPM++ 3M SDE
Schedule type	SGM Uniform
宽度	800px
高度	1024px
总批次数	4
单批数量	1
提示词引导系数	1
随机数种子	3551666855
正向提示词	surrealism art,King Kong made of machine,mountains background,from-above 超现实主义艺术、机器金刚、山脉背景、俯视视角
反向提示词	—

参　　数	值	
风格预设	—	
LoRA 模型	aesthetic_anime_v1s，权重值为 1	
高分辨率修复	启用	
	放大算法	R-ESRGAN 4x+
	高分迭代步数	4
	重绘幅度	0.35
	放大倍数	1.5

步骤 02 生成图像。参数设置完成后，单击"生成"按钮，即可得到 4 张图像，如图 5.52 所示。

图 5.52　机甲金刚图像

步骤 03 高清放大。选择一张满意的图像，单击 图标，将图像进行高清放大，得到的最终图像效果见图 5.51。

思考与练习

通过学习本小节，请读者添加 aesthetic_anime_v1s 模型和提示词，生成机甲老虎图像。答案如图 5.53 所示。

图 5.53　机甲老虎图像

5.2.8　实战——Q 版写实动物图像

本小节使用 zhibi LoRA 模型生成 Q 版写实动物图像。

1. zhibi 的特点

zhibi 是生成 Q 版可爱写实动物的 LoRA 模型，可以将现实中的动物进行可爱化处理，且保留动物自身的特点。zhibi 的权重值为 1。

图 5.54 所示为未使用和使用 zhibi 模型后的效果对比。

未使用zhibi 模型

使用zhibi 模型

图 5.54　未使用和使用 zhibi 模型后的效果对比

2. Q 版小孔雀图像效果展示

Q 版小孔雀图像效果展示如图 5.55 所示。

图 5.55　Q 版小孔雀图像效果展示

3. 操作步骤

步骤 01 启动界面。打开 Stable Diffusion 操作界面，添加提示词并设置各项参数，具体参数设置见表 5.12。

表 5.12　Q 版小孔雀图像具体参数设置

参　　数	值
版本	Stable Diffusion WebUI 启动器 1.9.3
大模型	山竹混合真实 Lightning_6S_DPMSDE
外挂 VAE 模型	—
CLIP 终止层数	2
迭代步数	8
采样方法	DPM++ 3M SDE
Schedule type	SGM Uniform
宽度	800px
高度	1024px
总批次数	4
单批数量	1
提示词引导系数	1.1
随机数种子	3732225794
正向提示词	cute peacock,zhibi,forest 可爱的孔雀、zhibi、森林
反向提示词	—
风格预设	—
LoRA 模型	zhibi，权重值为 0.7

参　　数	值	
高分辨率修复	启用	
	放大算法	R-ESRGAN 4x+
	高分迭代步数	4
	重绘幅度	0.35
	放大倍数	1.5

步骤 02 生成图像。参数设置完成后，单击"生成"按钮，即可得到 4 张图像，如图 5.56 所示。

图 5.56　Q 版小孔雀图像

步骤 03 高清放大。选择一张满意的图像，单击 ▓ 图标，将图像进行高清放大，得到的最终图像效果见图 5.55。

思考与练习

通过学习本小节，请读者添加 zhibi 模型和提示词，生成 Q 版豹子图像。

答案如图 5.57 所示。

图 5.57　Q 版豹子图像

5.2.9 实战——卡通三视图

本小节使用 mw_SST_v14_XL LoRA 模型生成卡通三视图。

扫一扫，看视频

1. mw_SST_v14_XL 的特点

mw_SST_v14_XL 是生成卡通风格三视图的 LoRA 模型，权重值为 1。图 5.58 所示为未使用和使用 mw_SST_v14_XL 模型后的效果对比。

图 5.58 未使用和使用 mw_SST_v14_XL 模型后的效果对比

2. 可爱女孩三视图效果展示

可爱女孩三视图效果展示如图 5.59 所示。

图 5.59 可爱女孩三视图效果展示

3. 操作步骤

步骤 01 启动界面。打开 Stable Diffusion 操作界面，添加提示词并设置各项参数，具体参数设置见表 5.13。

表 5.13 可爱女孩具体参数设置

参　　数	值
版本	Stable Diffusion WebUI 启动器 1.9.3
大模型	山竹混合真实 Lightning_6S_DPMSDE
外挂 VAE 模型	—
CLIP 终止层数	2

参　　数	值
迭代步数	10
采样方法	DPM++ 3M SDE
Schedule type	SGM Uniform
宽度	800px
高度	1024px
总批次数	4
单批数量	1
提示词引导系数	1
随机数种子	3551666854
正向提示词	cute girl wearing a pink dress,three-view drawing 可爱的女孩穿着粉红色的连衣裙、三视图
反向提示词	—
风格预设	—
LoRA 模型	mw_SST_v14_XL，权重值为 1

高分辨率修复	启用	
	放大算法	R-ESRGAN 4x+
	高分迭代步数	4
	重绘幅度	0.35
	放大倍数	1.5

步骤 02 生成图像。参数设置完成后，单击"生成"按钮，即可得到 4 张图像，如图 5.60 所示。

图 5.60　可爱女孩图像

步骤 03 高清放大。选择一张满意的图像，单击 ■ 图标，将图像进行高清放大，得到的最终图像效果见图 5.59。

通过学习本小节，请读者添加 mw_SST_v14_XL 模型和提示词，生成穿盔甲的可爱男孩图像。

答案如图 5.61 所示。

图 5.61　穿盔甲的可爱男孩图像

5.2.10　实战——动物时装秀图像

本小节使用 Dressed animals LoRA 模型生成动物时装秀图像。

1. Dressed animals 的特点

Dressed animals 是生成时装类的 LoRA 模型，可以与动物特点结合，表现超现实主义风格的特点，实现创意想象。Dressed animals 的权重值为 1。

图 5.62 所示为未使用和使用 Dressed animals 模型后的效果对比。

扫一扫，看视频

图 5.62　未使用和使用 Dressed animals 模型后的效果对比

2. 白鹿时装秀图像效果展示

白鹿时装秀图像效果展示如图 5.63 所示。

图 5.63　白鹿时装秀图像效果展示

3. 操作步骤

步骤 01　启动界面。打开 Stable Diffusion 操作界面，添加提示词并设置各项参数，具体参数设置见表 5.14。

表 5.14　白鹿时装秀图像具体参数设置

参　　数	值
版本	Stable Diffusion WebUI 启动器 1.9.3
大模型	山竹混合真实 Lightning_6S_DPMSDE
外挂 VAE 模型	—
CLIP 终止层数	2
迭代步数	8
采样方法	DPM++ 3M SDE
Schedule type	SGM Uniform
宽度	800px
高度	1024px
总批次数	4
单批数量	1
提示词引导系数	1
随机数种子	3978890613
正向提示词	a white deer wearing leather jacket pants and black boots,full body,standing the runway Milan fashion show,dressed animals 一只白鹿穿着皮夹克长裤和黑色靴子、全身、站在米兰时装秀 T 台上、穿着动物装
反向提示词	—
风格预设	常规质量 - 山竹
LoRA 模型	Dressed animals，权重值为 1

参　　数	值	
高分辨率修复	启用	
	放大算法	R-ESRGAN 4x+
	高分迭代步数	4
	重绘幅度	0.35
	放大倍数	1.5

步骤 02 生成图像。参数设置完成后,单击"生成"按钮,即可得到 4 张图像,如图 5.64 所示。

图 5.64　白鹿时装秀图像

步骤 03 高清放大。选择一张满意的图像,单击 ■ 图标,将图像进行高清放大,得到的最终图像效果见图 5.63。

思考与练习

通过学习本小节,请读者添加 Dressed animals 模型和提示词,生成豹子时装秀图像。答案如图 5.65 所示。

图 5.65　豹子时装秀图像

5.2.11 实战——UI 插画风格图像

扫一扫，看视频

本小节使用 uichahua-v1.3 扁平 LoRA 模型生成 UI 插画风格图像。

1. uichahua-v1.3 的特点

uichahua-v1.3 是生成扁平风格的 LoRA 模型，权重值为 1。

图 5.66 所示为未使用和使用 uichahua-v1.3 模型后的效果对比。

图 5.66 未使用和使用 uichahua-v1.3 模型后的效果对比

2. UI 扁平插画效果展示

UI 扁平插画效果展示如图 5.67 所示。

图 5.67 UI 扁平插画效果展示

3. 操作步骤

步骤 01 启动界面。打开 Stable Diffusion 操作界面，添加提示词并设置各项参数，具体参数设置见表 5.15。

表 5.15 UI 扁平插画具体参数设置

参　数	值
版本	Stable Diffusion WebUI 启动器 1.9.3
大模型	山竹混合真实 Lightning_6S_DPMSDE
外挂 VAE 模型	—

参　数	值		
CLIP 终止层数	2		
迭代步数	8		
采样方法	DPM++ 3M SDE		
Schedule type	SGM Uniform		
宽度	800px		
高度	1024px		
总批次数	4		
单批数量	1		
提示词引导系数	1		
随机数种子	3729629875		
正向提示词	a doctor at work,white background, UI chahua 一位医生在工作、白色背景、UI 插画		
反向提示词	—		
风格预设	—		
LoRA 模型	uichahua-v1.3，权重值为 1		
高分辨率修复	启用		
	放大算法	R-ESRGAN 4x+	
	高分迭代步数	4	
	重绘幅度	0.35	
	放大倍数	1.5	

步骤 02 生成图像。参数设置完成后，单击"生成"按钮，即可得到 4 张图像，如图 5.68 所示。

图 5.68　UI 扁平插画

121

步骤 03 高清放大。选择一张满意的图像，单击▣图标，将图像进行高清放大，得到的最终图像效果见图 5.67。

思考与练习

通过学习本小节，请读者添加 uichahua-v1.3 模型和提示词，生成女教师扁平风格图像。答案如图 5.69 所示。

图 5.69　女教师扁平风格图像

5.2.12　实战——黏土风格图像

本小节使用 CLAYMATE_ v2.03 LoRA 模型生成黏土风格图像。

1. CLAYMATE_ v2.03 的特点

CLAYMATE_ v2.03 是生成黏土风格的 LoRA 模型，权重值为 1。

图 5.70 所示为未使用和使用 CLAYMATE_ v2.03 模型后的效果对比。

图 5.70　未使用和使用 CLAYMATE_v2.03 模型后的效果对比

2. 森林里的恐龙黏土风格图像效果展示

森林里的恐龙黏土风格图像效果展示如图 5.71 所示。

图 5.71　森林里的恐龙黏土风格图像效果展示

3. 操作步骤

步骤 01　启动界面。打开 Stable Diffusion 操作界面，添加提示词并设置各项参数，具体参数设置见表 5.16。

表 5.16　森林里的恐龙黏土风格图像具体参数设置

参　　数	值
版本	Stable Diffusion WebUI 启动器 1.9.3
大模型	山竹混合真实 Lightning_6S_DPMSDE
外挂 VAE 模型	—
CLIP 终止层数	2
迭代步数	8
采样方法	DPM++ 3M SDE
Schedule type	SGM Uniform
宽度	800px
高度	1024px
总批次数	4
单批数量	1
提示词引导系数	1
随机数种子	1019767141
正向提示词	a dinosaur in the forest,claymation 一只恐龙在森林里、黏土动画
反向提示词	—
风格预设	常规质量 - 山竹
LoRA 模型	CLAYMATE_v2.03，权重值为 1

续表

参　　数	值	
高分辨率修复	启用	
	放大算法	R-ESRGAN 4x+
	高分迭代步数	4
	重绘幅度	0.35
	放大倍数	1.5

步骤 02 生成图像。参数设置完成后，单击"生成"按钮，即可得到 4 张图像，如图 5.72 所示。

图 5.72　森林里的恐龙黏土风格图像

步骤 03 高清放大。选择一张满意的图像，单击 🔲 图标，将图像进行高清放大，得到的最终图像效果见图 5.71。

思考与练习

通过学习本小节，请读者添加 CLAYMATE_v2.03 模型和提示词，生成黏土风格小猪图像。答案如图 5.73 所示。

图 5.73　黏土风格小猪图像

5.2.13　实战——像素风格图像

本小节使用 pixelbuildings128-v2 LoRA 模型生成像素风格图像。

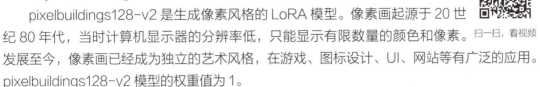

扫一扫，看视频

1. pixelbuildings128-v2 的特点

pixelbuildings128-v2 是生成像素风格的 LoRA 模型。像素画起源于 20 世纪 80 年代，当时计算机显示器的分辨率低，只能显示有限数量的颜色和像素。发展至今，像素画已经成为独立的艺术风格，在游戏、图标设计、UI、网站等有广泛的应用。pixelbuildings128-v2 模型的权重值为 1。

图 5.74 所示为未使用和使用 pixelbuildings128-v2 模型后的效果对比。

未使用pixelbuildings128-v2 模型　　使用pixelbuildings128-v2 模型

图 5.74　未使用和使用 pixelbuildings128-v2 模型后的效果对比

2. 塞尔塔的传说像素风格图像效果展示

塞尔塔的传说像素风格图像效果展示如图 5.75 所示。

图 5.75　塞尔塔的传说像素风格图像效果展示

3. 操作步骤

步骤 01　启动界面。打开 Stable Diffusion 操作界面，添加提示词并设置各项参数，具体参数设置见表 5.17。

表 5.17　塞尔塔的传说像素风格图像具体参数设置

参　　数	值		
版本	Stable Diffusion WebUI 启动器 1.9.3		
大模型	山竹混合真实 Lightning_6S_DPMSDE		
外挂 VAE 模型	—		
CLIP 终止层数	2		
迭代步数	12		
采样方法	DPM++ 3M SDE		
Schedule type	SGM Uniform		
宽度	800px		
高度	1024px		
总批次数	4		
单批数量	1		
提示词引导系数	1.25		
随机数种子	1852395645		
正向提示词	Zelda with a sword,white background 拿着剑的塞尔塔、白色背景		
反向提示词	—		
风格预设	—		
LoRA 模型	pixelbuildings128-v2，权重值为 1		
高分辨率修复	启用		
	放大算法		R-ESRGAN 4x+
	高分迭代步数		4
	重绘幅度		0.35
	放大倍数		1.5

步骤 02 生成图像。参数设置完成后，单击"生成"按钮，即可得到 4 张图像，如图 5.76 所示。

图 5.76　塞尔塔的传说像素风格图像

步骤 03 高清放大。选择一张满意的图像，单击 ■ 图标，将图像进行高清放大，得到的最终图像效果见图 5.75。

思考与练习

通过学习本小节，请读者添加 pixelbuildings128-v2 模型和提示词，生成像素风格的钢铁侠图像。

答案如图 5.77 所示。

图 5.77　像素风格的钢铁侠图像

5.2.14　实战——游戏建筑场景图像

本小节使用 Stylized_Setting_SDXL LoRA 模型生成游戏建筑场景图像。

1. Stylized_Setting_SDXL 的特点

Stylized_Setting SDXL 是生成 2.5D 游戏建筑场景的 LoRA 模型，权重值为 1。

图 5.78 所示为未使用和使用 Stylized_Setting_SDXL 模型后的效果对比。

扫一扫，看视频

未使用Stylized_Setting_SDXL 模型

使用Stylized_Setting_SDXL 模型

图 5.78　未使用和使用 Stylized_Setting_SDXL 模型后的效果对比

2. 水上游乐园图像效果展示

水上游乐园图像效果展示如图 5.79 所示。

图 5.79　水上游乐园图像效果展示

3. 操作步骤

步骤 01 启动界面。打开 Stable Diffusion 操作界面，添加提示词并设置各项参数，具体参数设置见表 5.18。

表 5.18　水上游乐园图像具体参数设置

参　　数	值
版本	Stable Diffusion WebUI 启动器 1.9.3
大模型	山竹混合真实 Lightning_6S_DPMSDE
外挂 VAE 模型	—
CLIP 终止层数	2
迭代步数	12
采样方法	DPM++ 3M SDE
Schedule type	SGM Uniform
宽度	1024px
高度	800px
总批次数	4
单批数量	1
提示词引导系数	1.25
随机数种子	3247230026

参　数	值	
正向提示词	romantic water park,ocean,dolphins,fish,sunny,blue sky,clouds,bright scenes 浪漫的水上游乐园、海洋、海豚、鱼、晴天、蓝天、云、明亮的画面	
反向提示词	—	
风格预设	常规质量－山竹	
LoRA 模型	Stylized_Setting_SDXL，权重值为 0.8	
高分辨率修复	启用	
	放大算法	R-ESRGAN 4x+
	高分迭代步数	4
	重绘幅度	0.35
	放大倍数	1.5

步骤 02 生成图像。参数设置完成后，单击"生成"按钮，即可得到 4 张图像，如图 5.80 所示。

图 5.80　水上游乐园图像

步骤 03 高清放大。选择一张满意的图像，单击■图标，将图像进行高清放大，得到的最终图像效果见图 5.79。

思考与练习

　　通过学习本小节，请读者添加 Stylized_Setting_SDXL 模型和提示词，生成天空中的小岛图像。

　　答案如图 5.81 所示。

图 5.81　天空中的小岛图像

5.2.15　实战——线稿风格图像

扫一扫，看视频

本小节使用 SZXL_coloringbook monochrome LoRA 模型生成线稿风格图像。

1. SZXL_coloringbook monochrome 的特点

SZXL_coloringbook monochrome 是生成线稿风格的 LoRA 模型，权重值为 1。

图 5.82 所示为未使用和使用 SZXL_coloringbook monochrome 模型后的效果对比。

图 5.82　未使用和使用 SZXL_coloringbook monochrome 模型后的效果对比

2. 森林里的啄木鸟图像效果展示

森林里的啄木鸟图像效果展示如图 5.83 所示。

图 5.83　森林里的啄木鸟图像效果展示

3. 操作步骤

步骤 01　启动界面。打开 Stable Diffusion 操作界面，添加提示词并设置各项参数，具体参数设置见表 5.19。

表 5.19　森林里的啄木鸟图像具体参数设置

参　　　数	值		
版本	Stable Diffusion WebUI 启动器 1.9.3		
大模型	山竹混合真实 Lightning_6S_DPMSDE		
外挂 VAE 模型	—		
CLIP 终止层数	2		
迭代步数	8		
采样方法	DPM++ 3M SDE		
Schedule type	SGM Uniform		
宽度	800px		
高度	1024px		
总批次数	4		
单批数量	1		
提示词引导系数	1		
随机数种子	1655910173		
正向提示词	coloringbook monochrome,a woodpecker in the forest 单色绘本、森林里的一只啄木鸟		
反向提示词	—		
风格预设	—		
LoRA 模型	SZXL_coloringbook monochrome，权重值为 1		
高分辨率修复	启用		
	放大算法	R-ESRGAN 4x+	
	高分迭代步数	4	
	重绘幅度	0.35	
	放大倍数	1.5	

步骤 02 生成图像。参数设置完成后,单击"生成"按钮,即可得到 4 张图像,如图 5.84 所示。

图 5.84　森林里的啄木鸟图像

步骤 03 高清放大。选择一张满意的图像,单击 ⬤ 图标,将图像进行高清放大,得到的最终图像效果见图 5.83。

思考与练习

　　通过学习本小节,请读者添加 SZXL_coloringbook monochrome 模型和提示词,生成水中的河马图像。

　　答案如图 5.85 所示。

图 5.85　水中的河马图像

5.2.16　实战——国画风格图像

扫一扫,看视频

本小节使用 SZXLv1_Chinese painting 模型生成国画风格图像。

1. SZXLv1_Chinese painting 的特点

SZXLv1_Chinese painting 是生成国画风格的 LoRA 模型,权重值为 1。

图 5.86 所示为未使用和使用 SZXLv1_Chinese painting 模型后的效果对比。

图 5.86　未使用和使用 SZXLv1_Chinese painting 模型后的效果对比

2. 国画山水图像效果展示

国画山水图像效果展示如图 5.87 所示。

图 5.87　国画山水图像效果展示

3. 操作步骤

步骤 01 启动界面。打开 Stable Diffusion 操作界面，添加提示词并设置各项参数，具体参数设置见表 5.20。

表 5.20　国画山水图像具体参数设置

参　　数	值
版本	Stable Diffusion WebUI 启动器 1.9.3
大模型	山竹混合真实 Lightning_6S_DPMSDE
外挂 VAE 模型	—

参 数	值	
CLIP 终止层数	2	
迭代步数	8	
采样方法	DPM++ 3M SDE	
Schedule type	SGM Uniform	
宽度	800px	
高度	1024px	
总批次数	4	
单批数量	1	
提示词引导系数	1	
随机数种子	1655910173	
正向提示词	Chinese painting,tree,waterfall,rock,day,clouds,natural landscapes,white background 中国画、树、瀑布、岩石、天、云、自然景观、白色背景	
反向提示词	—	
风格预设	常规质量 - 山竹	
LoRA 模型	SZXLv1_Chinese painting，权重值为 1	
高分辨率修复	启用	
	放大算法	R-ESRGAN 4x+
	高分迭代步数	4
	重绘幅度	0.35
	放大倍数	1.5

步骤 02 生成图像。参数设置完成后，单击"生成"按钮，即可得到 4 张图像，如图 5.88 所示。

图 5.88　国画山水图像

步骤 03 高清放大。选择一张满意的图像，单击■图标，将图像进行高清放大，得到的最终图像效果见图 5.87。

思考与练习

通过学习本小节，请读者添加 SZXLv1_Chinese painting 模型和提示词，生成国画狮子图像。
答案如图 5.89 所示。

图 5.89　国画狮子图像

5.2.17　实战——贴纸风格图像

本小节使用 StickersRedmond 模型生成贴纸风格图像。

扫一扫，看视频

1. StickersRedmond 的特点

StickersRedmond 是生成贴纸风格的 LoRA 模型，权重值为 1。

图 5.90 所示为未使用和使用 StickersRedmond 模型后的效果对比。

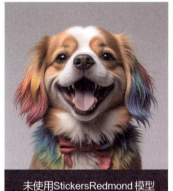
未使用StickersRedmond 模型

使用StickersRedmond 模型

图 5.90　未使用和使用 StickersRedmond 模型后的效果对比

2. 可爱女孩贴纸图像效果展示

可爱女孩贴纸图像效果展示如图 5.91 所示。

图 5.91　可爱女孩贴纸图像效果展示

3. 操作步骤

步骤 01 启动界面。打开 Stable Diffusion 操作界面，添加提示词并设置各项参数，具体参数设置见表 5.21。

表 5.21　可爱女孩贴纸图像具体参数设置

参　　数	值
版本	Stable Diffusion WebUI 启动器 1.9.3
大模型	山竹混合真实 Lightning_6S_DPMSDE
外挂 VAE 模型	—
CLIP 终止层数	2
迭代步数	8
采样方法	DPM++ 3M SDE
Schedule type	SGM Uniform
宽度	800px
高度	1024px
总批次数	4
单批数量	1
提示词引导系数	1
随机数种子	2703051104
正向提示词	cute chibi style girl sticker,big eyes and pink nose,wearing flowers in her hair,holding teddy bear,white background,stickers 可爱的小不点风格的女孩贴纸、大眼睛和粉红色的鼻子、她的头发上戴着花、拿着泰迪熊、白色背景、贴纸
反向提示词	—
风格预设	常规质量 - 山竹

参　　数	值	
LoRA 模型	StickersRedmond，权重值为 1	
高分辨率修复	启用	
	放大算法	R-ESRGAN 4x+
	高分迭代步数	4
	重绘幅度	0.35
	放大倍数	1.5

步骤 02 生成图像。参数设置完成后，单击"生成"按钮，即可得到4张图像，如图 5.92 所示。

图 5.92　可爱女孩贴纸图像

步骤 03 高清放大。选择一张满意的图像，单击 █ 图标，将图像进行高清放大，得到的最终图像效果见图 5.91。

思考与练习

通过学习本小节，请读者添加 StickersRedmond 模型和提示词，生成可爱兔子的贴纸图像。答案如图 5.93 所示。

图 5.93　可爱兔子的贴纸图像

第 6 章　ControlNet 扩展

扫一扫，看视频

ControlNet（控制网络）扩展是 Stable Diffusion 中最重要的功能，其解决了 Stable Diffusion 中生成图像的随机性，改变了提示词对图像控制的单一性，增加了额外控制的多样性，使图像生成变得更加可控，目的更加明确，进一步拓展了创作者的思维方式和创作灵感。ControlNet 也是 Stable Diffusion 区别于其他 AIGC（Artificial Intelligence Generated Content，人工智能生成内容）图像生成软件的重要标志之一。

ControlNet 扩展需要结合大模型使用，扩展本身的模型用于控制图像计算，可以使用单一单元，也可以组合使用多个单元。

⤷ 本章概述

通过学习本章，读者可以掌握 ControlNet 各个功能的使用方法，了解不同功能的特点，熟悉操作流程，与实际工作结合，提高工作效率。

⤷ 本章重点

（1）ControlNet 界面。
（2）ControlNet 线类型与面类型。

6.1　ControlNet 界面

扫一扫，看视频

ControlNet 扩展包括 ControlNet 单元、控制类型、预处理器、模型和参数设置等内容，这些功能共同对图像起作用，以达到控制图像生成的目的。

1. ControlNet 单元

ControlNet 单元是上传图像的区域。在实际操作中，可以使用单一单元，也可以组合使用多个单元，支持单张图片、批量处理和多张上传，如图 6.1 所示。

图 6.1　ControlNet 单元

2. ControlNet 控制类型

ControlNet 有多种控制类型，可以根据图像和目的进行相应的选择，如图 6.2 所示。不同的控制类型特点不同，生成图像的效果也不相同。

图 6.2　ControlNet 控制类型

3. ControlNet 预处理器和模型

ControlNet 预处理器在第 1 次使用时，会自动下载模型或依赖，所以需要保持网络畅通。每一种 ControlNet 预处理器还可以进行细分，可以根据实际情况选择，如图 6.3 所示。

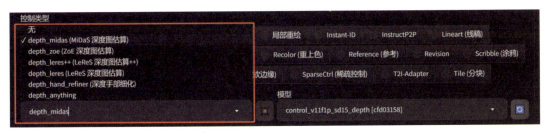

图 6.3　ControlNet 预处理器的分类

ControlNet 模型需要手动安装。打开本书提供的网盘链接，将网盘中的 ControlNet 模型文件复制至本地整合包的 ControlNet 文件夹下，文件路径为 D:\sd-webui-aki-v4.8\models\ControlNet，如图 6.4 所示。

图 6.4　复制 ControlNet 模型

4. ControlNet 参数设置

ControlNet 控制类型不同，其参数设置也不相同，主要包括控制权重、引导介入时机、引导终止时机、控制模式和缩放模式，如图 6.5 所示。

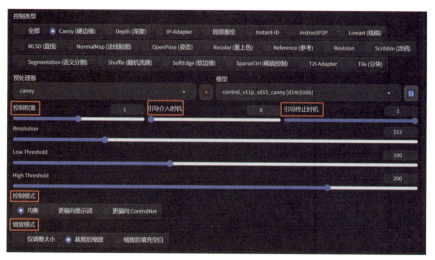

图 6.5　ControlNet 参数设置

6.2　ControlNet 线类型

　　常用的 ControlNet 线类型包括 Canny（硬边缘）、Lineart（线稿）、SoftEdge（软边缘）、Scribble（涂鸦）和 MLSD（直线），如图 6.6 所示。可以使用相应预处理器通过线的形式控制图像生成，其中 MLSD 预处理器针对建筑进行线稿处理。

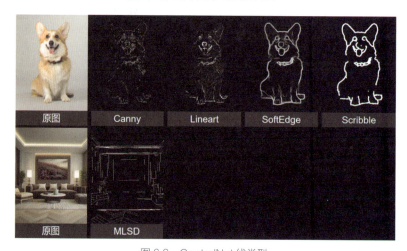

图 6.6　ControlNet 线类型

6.2.1　Canny

　　Canny 是一种边缘检测预处理器。其依赖于图像对比度提取"线条"（像素点），通过低阈值和高阈值调节轮廓细节，保留原始图像的构图。Canny 包括两种预处理器类型，如图 6.7 所示。

扫一扫，看视频

图 6.7 Canny

通过修改提示词进行图像重绘，如图 6.8 所示。

图 6.8 图像重绘

1. 真人转卡通图像效果展示

真人转卡通图像效果展示如图 6.9 所示。

图 6.9 真人转卡通图像效果展示

2. 操作步骤

步骤 01 启动界面。打开 Stable Diffusion 操作界面，在"文生图"选项卡中添加提示词并设置各项参数，具体参数设置见表 6.1。

表 6.1 真人转卡通图像具体参数设置

参　　　数	值
版本	Stable Diffusion WebUI 启动器 1.9.3
大模型	dreamshaper_8
外挂 VAE 模型	vae-ft-mse-840000-ema-pruned

参　　数	值
CLIP 终止层数	2
迭代步数	20
采样方法	DPM++ 3M SDE
Schedule type	SGM Uniform
宽度	600px
高度	768px
总批次数	4
单批数量	1
提示词引导系数	5
随机数种子	2017282672
正向提示词	1 girl,white top,simple plants background 1 个女孩、白色上衣、简单的植物背景
反向提示词	Easy Negative 容易消极
风格预设	常规质量 – 山竹
LoRA 模型	—
高分辨率修复	启用
ControlNet Canny	启用

步骤 02 加载图像。在"ControlNet 单元 0[Canny]"选项卡中加载图像，勾选"启用""完美像素模式""允许预览"复选框，控制类型选择"Canny（硬边缘）"，预处理器选择 canny，同类模型会自动加载，单击⚙图标，生成黑白轮廓图像，如图 6.10 所示。

图 6.10　加载图像

步骤 03 设置参数。将引导终止时机设置为 0.6，Low Threshold（低阈值）设置为 200，High Threshold（高阈值）设置为 220，如图 6.11 所示。

图 6.11　设置参数

步骤 04 生成图像。单击"生成"按钮，得到 4 张图像，如图 6.12 所示。

图 6.12　生成图像

步骤 05 高清放大。关闭 ControlNet，选择一张满意的图像，单击 ▦ 图标将图像进行高清放大，得到的最终图像效果如图 6.13 所示。

图 6.13　真人转卡通最终图像效果

思考与练习

通过学习本小节，请读者使用 ControlNet Canny 功能生成男孩转卡通图像。答案如图 6.14 所示。

图 6.14　男孩转卡通图像

6.2.2　Lineart

扫一扫，看视频

Lineart 是一款对图像进行线稿提取的预处理器，并且可以通过线稿进行图像控制。Lineart 包括多种预处理器类型，如图 6.15 所示。

图 6.15　Lineart 预处理器类型

1. 动漫男孩线稿上色效果展示

动漫男孩线稿上色效果展示如图 6.16 所示。

图 6.16　动漫男孩线稿上色效果展示

2. 操作步骤

步骤 01 启动界面。打开 Stable Diffusion 操作界面，在"文生图"选项卡中添加提示词并设置各项参数，具体参数设置见表 6.2。

表 6.2　动漫男孩线稿上色具体参数设置

参　　数	值
版本	Stable Diffusion WebUI 启动器 1.9.3
大模型	山竹混合二次元 1.5_28S_DPMSDE
外挂 VAE 模型	vae-ft-mse-840000-ema-pruned
CLIP 终止层数	2
迭代步数	20
采样方法	DPM++ 3M SDE
Schedule type	SGM Uniform
宽度	600px
高度	768px
总批次数	4
单批数量	1
提示词引导系数	5
随机数种子	2688568487
正向提示词	1 boy,black hair,(black_eye:1.1),red coat,bust,outdoor, green flower,sky 1 个男孩、黑色头发、（黑色眼睛 :1.1）、红色外套、半身像、户外、绿色花朵、天空
反向提示词	Easy Negative 容易消极
风格预设	常规质量 – 山竹
LoRA 模型	—
高分辨率修复	启用
ControlNet Lineart	启用

步骤 02 加载线稿。在"ControlNet 单元 0[Lineart]"选项卡中加载图像，勾选"启用""完美像素模式""允许预览"复选框，控制类型选择"Lineart（线稿）"，预处理器选择 lineart_anime_denoise（动漫线稿提取去噪），同类模型会自动加载，单击 图标，生成黑白轮廓图像，如图 6.17 所示。

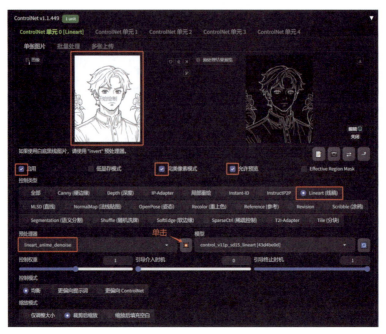

图 6.17　加载线稿

步骤 03　生成图像。单击"生成"按钮，得到 4 张图像，如图 6.18 所示。

图 6.18　生成图像

步骤 04　高清放大。关闭 ControlNet，选择一张满意的图像，单击■图标，将图像进行高清放大，得到的最终图像效果如图 6.19 所示。

图 6.19　动漫男孩线稿上色最终图像效果

思考与练习

通过学习本小节，请读者使用 ControlNet Lineart 功能，生成动漫女孩线稿上色图像。答案如图 6.20 所示。

图 6.20　动漫女孩线稿上色图像

6.2.3　SoftEdge

SoftEdge 是一款对图像进行边缘提取的预处理器，可以对图像边缘的重点特征进行提取。SoftEdge 包括多种预处理器类型，如图 6.21 所示。

扫一扫，看视频

图 6.21　SoftEdge 预处理器类型

1. 立体 LOGO 效果展示

立体 LOGO 效果展示如图 6.22 所示。

图 6.22　立体 LOGO 效果展示

2. 操作步骤

步骤 `01` 启动界面。打开 Stable Diffusion 操作界面，在"文生图"选项卡中添加提示词并设置各项参数，具体参数设置见表6.3。

表 6.3　立体 LOGO 具体参数设置

参　　数	值
版本	Stable Diffusion WebUI 启动器 1.9.3
大模型	dreamshaper_8
外挂 VAE 模型	vae-ft-mse-840000-ema-pruned
CLIP 终止层数	2
迭代步数	20
采样方法	DPM++ 3M SDE
Schedule type	SGM Uniform
宽度	600px
高度	768px
总批次数	4
单批数量	1
提示词引导系数	5
随机数种子	2505903737
正向提示词	gold logo,leather simple background 金色标志、皮革简约背景
反向提示词	Fast Negative v2 快速消极 v2
风格预设	常规质量 - 山竹
LoRA 模型	—
高分辨率修复	启用
ControlNet SoftEdge	启用

步骤 `02` 加载图像。在"ControlNet 单元 0[SoftEdge]"选项卡中加载图像，勾选"启用""完美像素模式""允许预览"复选框，控制类型选择"SoftEdge（软边缘）"，预处理器选择 softedge_pidinet（软边缘检测 -PiDiNet 算法），同类模型会自动加载，引导终止时机设置为 0.7，单击 ■ 图标，生成黑白轮廓图像，如图 6.23 所示。

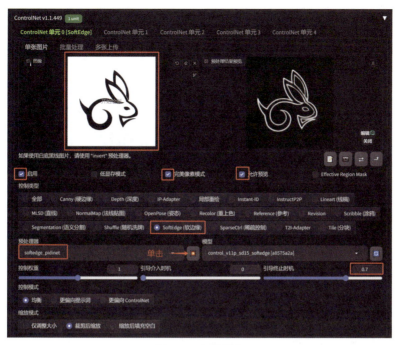

图 6.23　加载图像

步骤 03 生成图像。单击"生成"按钮，得到 4 张图像，如图 6.24 所示。

图 6.24　生成图像

步骤 04 高清放大。关闭 ControlNet，选择一张满意的图像，单击■图标，将图像进行高清放大，得到的最终图像效果如图 6.25 所示。

图 6.25　立体 LOGO 最终图像效果

思考与练习

通过学习本小节，请读者使用 ControlNet SoftEdge 功能，生成立体 LOGO 图像。答案如图 6.26 所示。

图 6.26　立体 LOGO 图像

6.2.4　Scribble

扫一扫，看视频

Scribble 也是一款对图像进行边缘提取的预处理器。Scribble 对图像特征的提取更宽泛、更有概括性，生成图像的多样性更高。Scribble 包括多种预处理器类型，如图 6.27 所示。

图 6.27　Scribble 预处理器类型

1. 动物转绘效果展示

动物转绘效果展示如图 6.28 所示。

图 6.28　动物转绘效果展示

2. 操作步骤

步骤 01 启动界面。打开 Stable Diffusion 操作界面，在"文生图"选项卡中添加提示词并设置各项参数，具体参数设置见表 6.4。

表 6.4　动物转绘具体参数设置

参　　数	值
版本	Stable Diffusion WebUI 启动器 1.9.3
大模型	rundiffusionFX_v10
外挂 VAE 模型	vae-ft-mse-840000-ema-pruned
CLIP 终止层数	2
迭代步数	20
采样方法	DPM++ 3M SDE
Schedule type	SGM Uniform
宽度	600px
高度	768px
总批次数	4
单批数量	1
提示词引导系数	5
随机数种子	2384499409
正向提示词	cute white fox cub,open mouth,grass,plants 可爱的白狐幼崽、张开嘴、草、植物
反向提示词	Easy Negative 容易消极
风格预设	常规质量 - 山竹
LoRA 模型	—
高分辨率修复	启用
ControlNet Scribble	启用

步骤 02 加载图像。在"ControlNet 单元 0[Scribble]"选项卡中加载图像，勾选"启用""完美像素模式""允许预览"复选框，控制类型选择"Scribble（涂鸦）"，预处理器选择 scribble_pidinet（涂鸦 - 像素分差），同类模型会自动加载，引导终止时机设置为 0.7，单击 ■ 图标，生成黑白轮廓图像，如图 6.29 所示。

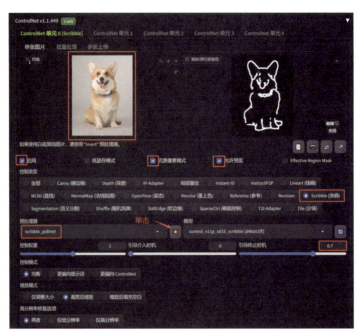

图 6.29　加载图像

步骤 03 生成图像。单击"生成"按钮，得到 4 张图像，如图 6.30 所示。

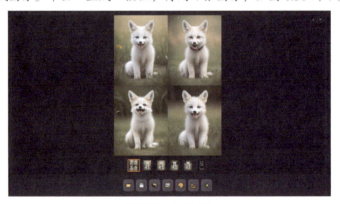

图 6.30　生成图像

步骤 04 高清放大。关闭 ControlNet，选择一张满意的图像，单击 图标，将图像进行高清放大，得到的最终图像效果如图 6.31 所示。

图 6.31　动物转绘最终图像效果

思考与练习

通过学习本小节，请读者使用 ControlNet Scribble 功能，生成鸟的转绘图像。答案如图 6.32 所示。

图 6.32 鸟的转绘图像

6.2.5 MLSD

MLSD 是一款对图像进行直线处理的预处理器，对建筑类图像或者几何类型图像效果良好。MLSD 包括两种处理器类型，如图 6.33 所示。

扫一扫，看视频

图 6.33 MLSD 预处理器类型

1. 建筑风格转换效果展示

建筑风格转换效果展示如图 6.34 所示。

图 6.34 建筑风格转换效果展示

2. 操作步骤

步骤 [01] 启动界面。打开 Stable Diffusion 操作界面，在"文生图"选项卡中添加提示词并设置各项参数，具体参数设置见表 6.5。

表 6.5 建筑风格转换具体参数设置

参 数	值
版本	Stable Diffusion WebUI 启动器 1.9.3
大模型	dreamshaper_8
外挂 VAE 模型	vae-ft-mse-840000-ema-pruned
CLIP 终止层数	2
迭代步数	20
采样方法	DPM++ 3M SDE
Schedule type	SGM Uniform
宽度	600px
高度	768px
总批次数	4
单批数量	1
提示词引导系数	5
随机数种子	2384499409
正向提示词	Chinese style,living room,wooden seats,suspended ceiling,tiles,murals 中式风格、客厅、木制座椅、吊顶、瓷砖、壁画
反向提示词	—
风格预设	常规质量－山竹
LoRA 模型	—
高分辨率修复	启用
ControlNet MLSD	启用

步骤 [02] 加载图像。在"ControlNet 单元 0[MLSD]"选项卡中加载图像，勾选"启用""完美像素模式""允许预览"复选框，控制类型选择"MLSD（直线）"，预处理器选择 mlsd，同类模型会自动加载，MLSD Value Threshold 设置为 0.3，单击 图标，生成黑白轮廓图像，如图 6.35 所示。

图 6.35　加载图像

步骤 03 生成图像。单击"生成"按钮，得到 4 张图像，如图 6.36 所示。

图 6.36　生成图像

步骤 04 高清放大。关闭 ControlNet，选择一张满意的图像，单击 ■ 图标，将图像进行高清放大，得到的最终图像效果如图 6.37 所示。

图 6.37 建筑风格转换最终图像效果

思考与练习

通过学习本小节，请读者使用 ControlNet MLSD 功能，生成卧室风格转换图像。答案如图 6.38 所示。

图 6.38 卧室风格转换图像

6.3 ControlNet 面类型

常用的 ControlNet 面类型包括 Depth（深度）、NormalMap（法线贴图）、Segmentation（语义分割），如图 6.39 所示。可以使用相应的预处理器通过面的形式控制图像生成。本节重点讲解 Depth 和 NormalMap 预处理器。

图 6.39 ControlNet 面类型

6.3.1　Depth

Depth 是一种空间检测预处理器，其依赖于每个像素点距离相机的距离信息，记录图像的三维结构并生成灰度图。Depth 包括多种预处理器类型，如图 6.40 所示。

扫一扫，看视频

图 6.40　Depth 预处理器类型

1. 水彩角色转换效果展示

水彩角色转换效果展示如图 6.41 所示。

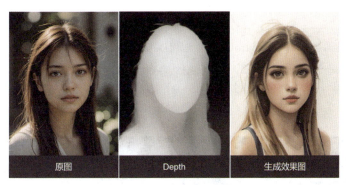

图 6.41　水彩角色转换效果展示

2. 操作步骤

步骤 01 启动界面。打开 Stable Diffusion 操作界面，在"文生图"选项卡中添加提示词并设置各项参数，具体参数设置见表 6.6。

表 6.6　水彩角色转换具体参数设置

参　　数	值
版本	Stable Diffusion WebUI 启动器 1.9.3
大模型	dreamshaper_8
外挂 VAE 模型	vae-ft-mse-840000-ema-pruned
CLIP 终止层数	2
迭代步数	20
采样方法	DPM++ 3M SDE
Schedule type	SGM Uniform

参　数	值
宽度	600px
高度	768px
总批次数	4
单批数量	1
提示词引导系数	5
随机数种子	3079564604
正向提示词	a girl's portrait,watercolor\(medium\) 一个女孩的肖像、水彩 \（方法 \）
反向提示词	—
风格预设	常规质量 - 山竹
LoRA 模型	—
高分辨率修复	启用
ControlNet Depth	启用

步骤 02 加载图像。在"ControlNet 单元 0[Depth]"选项卡中加载图像，勾选"启用""完美像素模式""允许预览"复选框，控制类型选择"Depth（深度）"，预处理器选择 depth_anything（深度万物），同类模型会自动加载，引导终止时机设置为 0.7，单击 ■ 图标，生成深度图像，如图 6.42 所示。

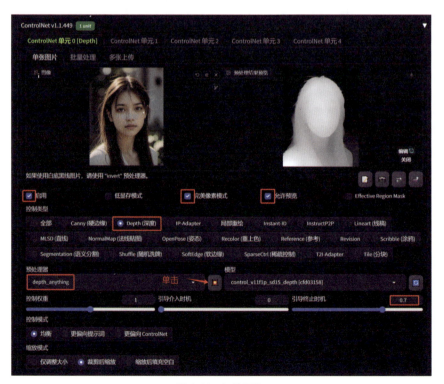

图 6.42　加载图像

步骤 03 生成图像。单击"生成"按钮，得到 4 张图像，如图 6.43 所示。

图 6.43　生成图像

步骤 04 高清放大。关闭 ControlNet，选择一张满意的图像，单击 ■ 图标，将图像进行高清放大，得到的最终图像效果如图 6.44 所示。

图 6.44　水彩角色转换最终图像效果

思考与练习

通过学习本小节，请读者使用 ControlNet Depth 功能，生成动物水彩风格转换图像。答案如图 6.45 所示。

图 6.45　动物水彩风格转换图像

6.3.2　NormalMap

　　NormalMap 是一种空间检测预处理器，在图像中物体的每个凹凸点上作法线，记录精确光照方向和反射效果，通过 RGB 颜色通道来标记法线的方向。NormalMap 包括多种预处理器类型，如图 6.46 所示。

图 6.46　NormalMap 预处理器类型

1. 人物雕像转换效果展示

人物雕像转换效果展示如图 6.47 所示。

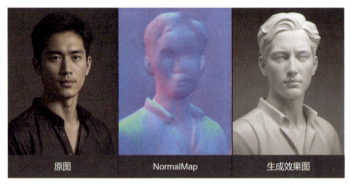

图 6.47　人物雕像转换效果展示

2. 操作步骤

步骤 01　启动界面。打开 Stable Diffusion 操作界面，在"文生图"选项卡中添加提示词并设置各项参数，具体参数设置见表 6.7。

表 6.7　人物雕像转换具体参数设置

参　　数	值
版本	Stable Diffusion WebUI 启动器 1.9.3
大模型	dreamshaper_8
外挂 VAE 模型	—
CLIP 终止层数	2
迭代步数	20
采样方法	DPM++ 3M SDE
Schedule type	SGM Uniform
宽度	600px

参　数	值
高度	768px
总批次数	4
单批数量	1
提示词引导系数	5
随机数种子	209185613
正向提示词	male plaster sculpture,smooth transition,sharp edges, official art,masterpiece,monochrome 男性石膏雕塑、平滑过渡、锋利边缘、官方艺术、杰作、单色
反向提示词	—
风格预设	—
LoRA 模型	—
高分辨率修复	启用
ControlNet NormalMap	启用

步骤 02 加载图像。在 "ControlNet 单元 0[NormalMap]" 选项卡中加载图像，勾选 "启用" "完美像素模式" "允许预览" 复选框，控制类型选择 "NormalMap（法线贴图）"，预处理器选择 normal_bae（法线 bae），同类模型会自动加载，单击■图标，生成法线贴图，如图 6.48 所示。

图 6.48　加载图像

步骤 03 生成图像。单击 "生成" 按钮，得到 4 张图像，如图 6.49 所示。

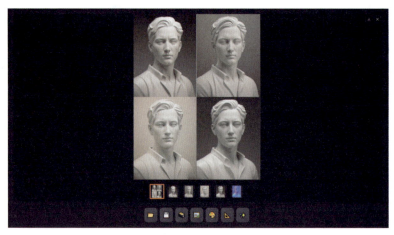

图 6.49　生成图像

步骤 04　高清放大。关闭 ControlNet，选择一张满意的图像，单击 ■ 图标，将图像进行高清放大，得到的最终图像效果如图 6.50 所示。

图 6.50　人物雕像转换最终图像效果

思考与练习

通过学习本小节，请读者使用 ControlNet NormalMap 功能，生成动物雕像转换图像。答案如图 6.51 所示。

图 6.51　动物雕像转换图像

6.4　ControlNet 风格迁移

6.4.1　IP-Adapter

IP-Adapter（图像提示）适配器是把图像作为提示词，控制图像生成的预处理器。IP-Adapter 包括多种预处理器类型，如图 6.52 所示。

扫一扫，看视频

图 6.52　IP-Adapter 预处理器类型

1. 角色一致性效果展示

角色一致性效果展示如图 6.53 所示，将当前图像中的女孩的衣服换为红色裙子。

图 6.53　角色一致性效果展示

2. 操作步骤

步骤 01　启动界面。打开 Stable Diffusion 操作界面，在"文生图"选项卡中添加提示词并设置各项参数，具体参数设置见表 6.8。

表 6.8　角色一致性具体参数设置

参　　数	值
版本	Stable Diffusion WebUI 启动器 1.9.3
大模型	manmaruMix_v30
外挂 VAE 模型	—
CLIP 终止层数	2

参　　数	值
迭代步数	20
采样方法	DPM++ 3M SDE
Schedule type	SGM Uniform
宽度	600px
高度	768px
总批次数	4
单批数量	1
提示词引导系数	5
随机数种子	3381096166
正向提示词	1 girl,(red dress:1.2),sitting,simple background 1个女孩、（红色连衣裙：1.2）、坐着、背景简单
反向提示词	Easy Negative 容易消极
风格预设	常规质量 - 山竹
LoRA 模型	—
高分辨率修复	启用
ControlNet IP-Adapter	启用

步骤 02 加载图像。在"ControlNet 单元 0[IP-Adapter]"选项卡中加载图像,勾选"启用""完美像素模式"复选框,控制类型选择 IP-Adapter,预处理器选择 ip-adapter-auto（自动）,模型选择 ip-adapter_sd15_vit-G[40fee50f],如图 6.54 所示。

图 6.54　加载图像

步骤 03 生成图像。单击"生成"按钮,得到 4 张图像,如图 6.55 所示。

图 6.55　生成图像

步骤 04 高清放大。关闭 ControlNet，选择一张满意的图像，单击 █ 图标，将图像进行高清放大，得到的最终图像效果如图 6.56 所示。

图 6.56　角色一致性最终图像效果

思考与练习

通过学习本小节，请读者使用 ControlNet IP-Adapter 功能，生成戴草帽的女孩图像。答案如图 6.57 所示。

图 6.57　戴草帽的女孩图像

6.4.2　Recolor

扫一扫，看视频

Recolor（重上色）是将参考图转换为黑白图后重新上色的处理器。Recolor 包括两种预处理器类型，如图 6.58 所示。

图 6.58　Recolor 预处理器类型

1. 黑白照片上色效果展示

黑白照片上色效果展示如图 6.59 所示。

图 6.59　黑白照片上色效果展示

2. 操作步骤

步骤 01　启动界面。打开 Stable Diffusion 操作界面，在"文生图"选项卡中添加提示词并设置各项参数，具体参数设置见表 6.9。

表 6.9　黑白照片上色具体参数设置

参　　数	值
版本	Stable Diffusion WebUI 启动器 1.9.0
大模型	dreamshaper_8.safetensors
外挂 VAE 模型	—
CLIP 终止层数	2
迭代步数	20
采样方法	DPM++ 3M SDE
Schedule type	SGM Uniform
宽度	600px

参　　数	值
高度	768px
总批次数	4
单批数量	1
提示词引导系数	5
随机数种子	3381096166
正向提示词	—
释义	—
反向提示词	—
风格预设	常规质量 – 山竹
LoRA 模型	—
高分辨率修复	启用
ControlNet Recolor	启用

步骤 02　加载图像。在"ControlNet 单元 0[Recolor]"选项卡中加载图像，勾选"启用""完美像素模式""允许预览"复选框，控制类型选择"Recolor（重上色）"，预处理器选择 recolor_luminance（重上色 - 调节亮度以去色），模型选择 ioclab_sd15_recolor [6641f3c6]，单击 图标，生成黑白图，如图 6.60 所示。

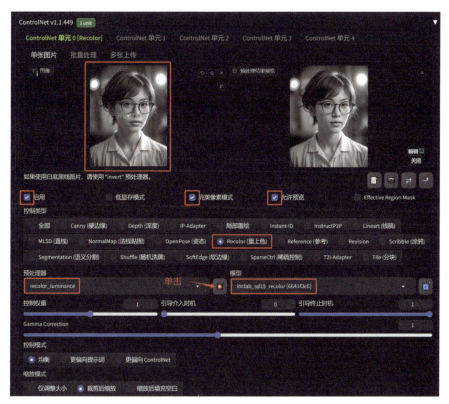

图 6.60　加载图像

步骤 03 生成图像。单击"生成"按钮，得到 4 张图像，如图 6.61 所示。

图 6.61 生成图像

步骤 04 高清放大。选择一张满意的图像，单击 ● 图标，将图像进行高清放大，得到的最终图像效果如图 6.62 所示。

图 6.62 黑白照片上色最终图像效果

思考与练习

通过学习本小节，请读者使用 ControlNet Recolor 功能，生成老人黑白照片上色图像。答案如图 6.63 所示。

图 6.63 老人黑白照片上色图像

6.5　ControlNet 姿态与换脸

6.5.1　OpenPose

扫一扫，看视频

　　OpenPose(姿态)预处理器能够将人物图像转换为一张"骨骼"图，并通过"骨骼"图控制人物生成的姿态。OpenPose 包括多种预处理器类型，如图 6.64 所示。

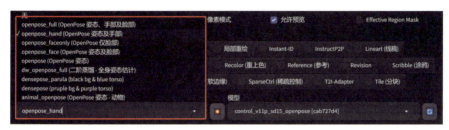

图 6.64　OpenPose 预处理器类型

1. 固定姿势生成图像效果展示

固定姿势生成图像效果展示如图 6.65 所示。

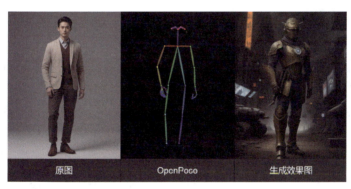

图 6.65　固定姿势生成图像效果展示

2. 操作步骤

　　步骤 01　启动界面。打开 Stable Diffusion 操作界面，在"文生图"选项卡中添加提示词并设置各项参数，具体参数设置见表 6.10。

表 6.10　固定姿势生成图像具体参数设置

参　　数	值
版本	Stable Diffusion WebUI 启动器 1.9.3
大模型	rundiffusionFX_v10
外挂 VAE 模型	vae-ft-mse-840000-ema-pruned
CLIP 终止层数	2

参　数	值
迭代步数	20
采样方法	DPM++ 3M SDE
Schedule type	SGM Uniform
宽度	600px
高度	768px
总批次数	4
单批数量	1
提示词引导系数	5
随机数种子	984192702
正向提示词	a machine warrior,standing in sci-fi city 一个机器战士、站在科幻城市
反向提示词	—
风格预设	常规质量 – 山竹
LoRA 模型	—
高分辨率修复	启用
ControlNet OpenPose	启用

步骤 02 加载图像。在"ControlNet 单元 0[OpenPose]"选项卡中加载图像，勾选"启用""完美像素模式""允许预览"复选框，控制类型选择"OpenPose（姿态）"，预处理器选择 openpose_hand（姿态及手部），模型选择 control_v11p_sd15_openpose [cab727d4]，单击 ▣ 图标，生成骨骼图，如图 6.66 所示。

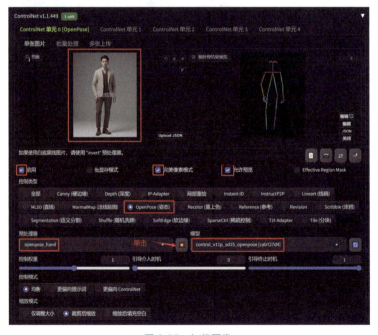

图 6.66　加载图像

步骤 03 生成图像。单击"生成"按钮，得到 4 张图像，如图 6.67 所示。

图 6.67　生成图像

步骤 04 高清放大。选择一张满意的图像，单击 ■ 图标，将图像进行高清放大，得到的最终图像效果如图 6.68 所示。

图 6.68　固定姿势最终图像效果

思考与练习

通过学习本小节，请读者使用 ControlNet OpenPose 功能，生成女战士图像。

答案如图 6.69 所示。

图 6.69　女战士图像

6.5.2　Instant-ID

扫一扫，看视频

Instant-ID（即时特征）预处理器能够根据参考图像提取人物面部特征并控制图像生成。Instant-ID 包括两种预处理器类型，如图 6.70 所示。

图 6.70　Instant-ID 预处理器类型

与其他控制类型不同，Instant-ID 预处理器需要启用两个 ControlNet 单元共同对图像生成起作用，如图 6.71 所示。

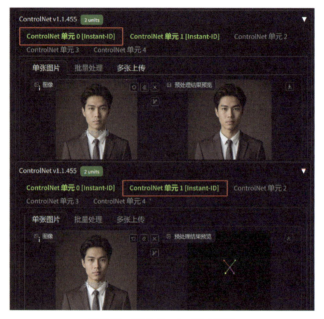

图 6.71　两个 ControlNet 单元

1. 人物换脸效果展示

人物换脸效果展示如图 6.72 所示。

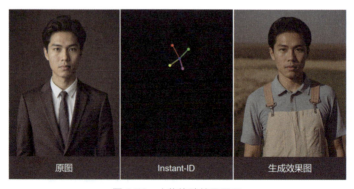

图 6.72　人物换脸效果展示

2. 操作步骤

步骤 01 启动界面。打开 Stable Diffusion 操作界面，在"文生图"选项卡中添加提示词并设置各项参数，具体参数设置见表 6.11。

表 6.11　人物换脸具体参数设置

参　　数	值
版本	Stable Diffusion WebUI 启动器 1.9.3
大模型	SZXL-Lightning 8S_Euler.fp16
外挂 VAE 模型	—
CLIP 终止层数	2
迭代步数	8
采样方法	Euler a
Schedule type	SGM Uniform
宽度	800px
高度	1024px
总批次数	4
单批数量	1
提示词引导系数	1
随机数种子	1982677031
正向提示词	a farmer,long-sleeves, brown overalls, fields background 一个农民、长袖、棕色工装、田野背景
反向提示词	—
风格预设	摄影 - 山竹
LoRA 模型	—
高分辨率修复	启用
ControlNet Instant-ID	启用

步骤 02 加载图像 01。在"ControlNet 单元 0[Instant-ID]"选项卡中加载图像，勾选"启用""完美像素模式""允许预览"复选框，控制类型选择 Instant-ID，预处理器选择 instant_id_face_embedding，模型选择 ip-adapter_instant_id_sdxl [eb2d3ec0]，单击■图标，生成预览图，如图 6.73 所示。

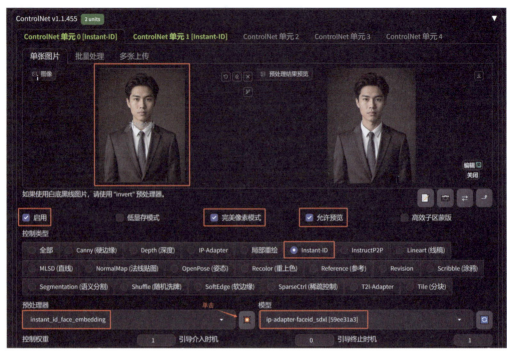

图 6.73　加载图像 01

步骤 03　加载图像 02。在 "ControlNet 单元 1[Instant-ID]" 选项卡中加载图像，勾选 "启用" "完美像素模式" "允许预览" 复选框，控制类型选择 Instant-ID，预处理器选择 instant_id_face_keypoints，模型选择 control_instant_id_sdxl [c5c25a50]，单击█图标，生成预览图，如图 6.74 所示。

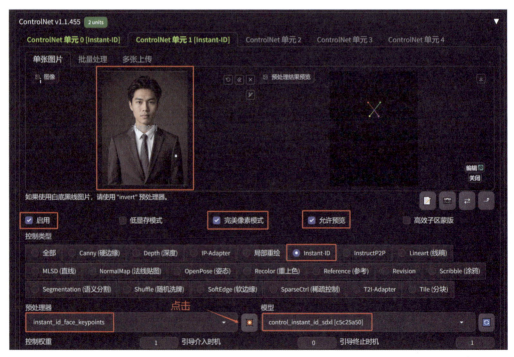

图 6.74　加载图像 02

步骤 04 生成图像。单击"生成"按钮,得到 4 张图像,如图 6.75 所示。

图 6.75 生成图像

步骤 05 高清放大。选择一张满意的图像,单击 图标,将图像进行高清放大,得到的最终图像效果如图 6.76 所示。

图 6.76 人物换脸最终图像效果

思考与练习

通过学习本小节,请读者使用 ControlNet Instant ID 功能,生成男人换脸图像。
答案如图 6.77 所示。

图 6.77 男人换脸图像

6.6 ControlNet 局部重绘与分块

6.6.1 Inpaint

Inpaint（局部重绘）预处理器通过蒙版对图像的某个区域进行重绘并引导图像生成，支持无提示词修复。Inpaint 包括 3 种预处理器类型，如图 6.78 所示。

图 6.78　Inpaint 预处理器类型

1. 局部重绘效果展示

局部重绘效果展示如图 6.79 所示。

图 6.79　局部重绘效果展示

2. 操作步骤

步骤 01 启动界面。打开 Stable Diffusion 操作界面，在"文生图"选项卡中添加提示词并设置各项参数，具体参数设置见表 6.12。

表 6.12　局部重绘具体参数设置

参　　数	值
版本	Stable Diffusion WebUI 启动器 1.9.3
大模型	manmaruMix_v30
外挂 VAE 模型	vae-ft-mse-840000-ema-pruned
CLIP 终止层数	2
迭代步数	20

参　　　数	值
采样方法	DPM++ 3M SDE
Schedule type	SGM Uniform
宽度	600px
高度	768px
总批次数	4
单批数量	1
提示词引导系数	5
随机数种子	3698798155
正向提示词	grass 草地
反向提示词	—
风格预设	常规质量 – 山竹
LoRA 模型	—
高分辨率修复	启用
ControlNet Inpaint	启用

步骤 02 加载图像。在"ControlNet 单元 0[Inpaint]"选项卡中加载图像,勾选"启用""完美像素模式"复选框,控制类型选择"局部重绘",预处理器选择 inpaint_only(仅局部重绘),模型选择 control_v11p_sd15_inpaint [ebff9138],单击右上角的"画笔"图标,调整画笔大小,将需要修改处涂抹覆盖,如图 6.80 所示。

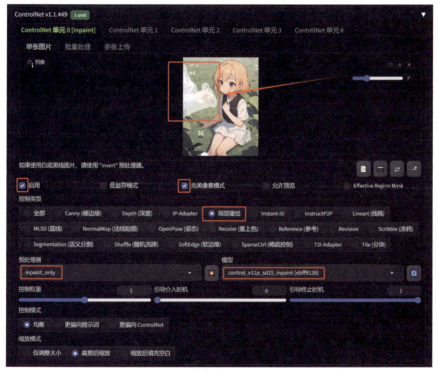

图 6.80　加载图像

步骤 03 生成图像。单击"生成"按钮，得到 4 张图像，如图 6.81 所示。

图 6.81 生成图像

步骤 04 高清放大。关闭 ControlNet，选择一张满意的图像，单击 █ 图标，将图像进行高清放大，得到的最终图像效果如图 6.82 所示。

图 6.82 局部重绘最终图像效果

思考与练习

通过学习本小节，请读者使用 ControlNet Inpaint 功能，局部重绘有崩坏的图像。答案如图 6.83 所示。

图 6.83 局部重绘

6.6.2 Tile

Tile（分块）预处理器通过对图像进行细节增强并重绘，可以提高图像细节和质量。Tile 包括多种预处理器类型，如图 6.84 所示。

扫一扫，看视频

图 6.84　Tile 预处理器类型

1. 游戏图标增强效果展示

游戏图标增强效果展示如图 6.85 所示。

图 6.85　游戏图标增强效果展示

2. 操作步骤

步骤 01 启动界面。打开 Stable Diffusion 操作界面，在"文生图"选项卡中添加提示词并设置各项参数，具体参数设置见表 6.13。

表 6.13　游戏图标具体参数设置

参　数	值
版本	Stable Diffusion WebUI 启动器 1.9.3
大模型	dreamshaper_8.safetensors
外挂 VAE 模型	vae-ft-mse-840000-ema-pruned.safetensors
CLIP 终止层数	2
迭代步数	20
采样方法	DPM++ 3M SDE
Schedule type	SGM Uniform
宽度	768px
高度	768px
总批次数	4

参　数	值
单批数量	1
提示词引导系数	7
随机数种子	3786512191
正向提示词	blue gemstone,red gemstone,gold border,glow,sharp carving,simple background,depth of field,reflection 蓝色宝石、红色宝石、金边、发光、雕刻锋利、背景简单、景深、反射
反向提示词	—
风格预设	常规质量 - 山竹
LoRA 模型	—
高分辨率修复	启用
ControlNet Tile	启用

步骤 02 加载图像。在"ControlNet 单元 0[Tile]"选项卡中加载图像，勾选"启用""完美像素模式"复选框，控制类型选择"Tile（分块）"，预处理器选择 tile_resample（分块重采样），模型选择 control_v11f1e_sd15_tile[a371b31b]，如图 6.86 所示。

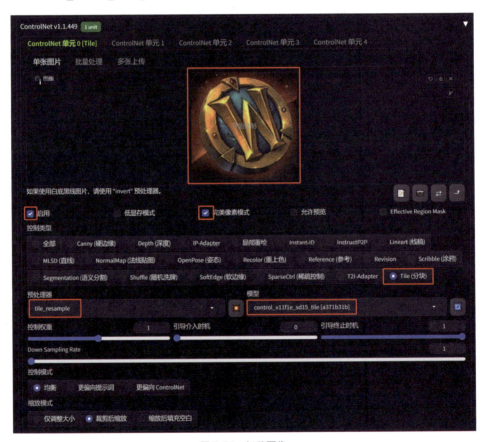

图 6.86　加载图像

步骤 03 生成图像。单击"生成"按钮，得到 4 张图像，如图 6.87 所示。

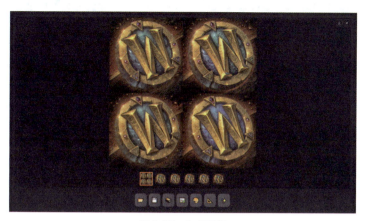

图 6.87　生成图像

步骤 04 高清放大。选择一张满意的图像，单击 ▦ 图标，将图像进行高清放大，得到的最终图像效果如图 6.88 所示。

图 6.88　游戏图标增强最终图像效果

思考与练习

通过学习本小节，请读者使用 ControlNet Tile 功能，增强图像细节。

答案如图 6.89 所示。

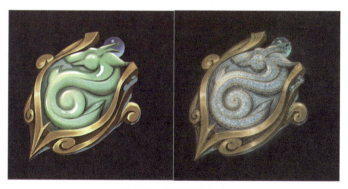

图 6.89　增强图像细节

第7章 其他扩展

扫一扫，看视频

Stable Diffusion 的扩展种类多样，功能齐全。例如，前文提到的 After Detailer 扩展、Tiled Diffusion 扩展可以对人脸和手进行修复，也可以放大修复图像，在不改变计算机硬件配置的情况下，提高了图像分辨率和质量，改善了计算机性能。此外，Stable Diffusion 还提供了自动补全提示词和模型预设管理等被动插件，此类插件不需要设置参数和调试功能就可以使操作、图像生成更加快捷方便。Stable Diffusion 的整合包还提供了 DemoFusion（演示融合）扩展、动态提示词（Dynamic Prompts）、分割万物（Segment Anything）扩展、LoRA 分层权重（Block Weight）扩展等，这些扩展使 Stable Diffusion 变得更加强大、灵活，满足了不同用户群体的个性化需求。

本章概述

通过学习本章，读者可以掌握 Stable Diffusion 扩展的安装方法，了解不同扩展的应用场景，熟练掌握扩展的操作流程，结合前面章节的知识，提高出图质量，优化模型结构。

本章重点

（1）扩展的安装、更新与卸载。
（2）Dynamic Prompts 扩展。
（3）LoRA Block Weight 扩展。

7.1 扩展的安装、更新与卸载

本书提供的 Stable Diffusion 整合包中已经包含了常用的扩展，对于没有的扩展，需要用户自主安装。

7.1.1 扩展的安装

扫一扫，看视频

1. 从启动器安装

打开启动器，依次单击"版本管理"→"安装新扩展"按钮，在文本框中输入插件名称 dynamic prompt，单击"安装"按钮，如图 7.1 所示。

图 7.1　从启动器安装

安装完成后，单击"一键启动"按钮。

2. 从扩展列表安装

打开 Stable Diffusion 操作界面，依次选择"扩展"→"可下载"选项卡，在文本框中输入插件名称 dynamic prompt，单击"安装"按钮，如图 7.2 所示。

图 7.2　从扩展列表安装

安装完成后，关闭页面，重新启动 Stable Diffusion。

3. 从网址安装

打开作者发布的开源项目地址，依次单击"克隆"→"复制"按钮，如图 7.3 所示。

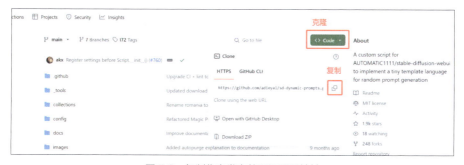

图 7.3　复制作者发布的开源项目地址

打开 Stable Diffusion 操作界面，依次选择"扩展"→"从网址安装"选项卡，将复制的项目地址粘贴至"扩展的 git 仓库网址"文本框中，单击"安装"按钮，如图 7.4 所示。

图 7.4　从网址安装

安装完成后，关闭页面，重新启动 Stable Diffusion。

以上 3 种方法都可以完成扩展插件的安装，根据实际情况选择一种即可。扩展插件安装完成后，即可在 Stable Diffusion 操作界面中看到安装的扩展插件，如图 7.5 所示。

图 7.5　扩展插件安装完成

4. 其他安装方法

扩展插件也可以通过其他分享者提供的网盘文件进行复制安装，扩展文件保存在特定的文件夹 extensions 中，如图 7.6 所示。

图 7.6　扩展文件保存目录

此方法不利于扩展插件的更新，故采用较少。

7.1.2　扩展的更新

对于 Stable Diffusion 的扩展插件,作者会不定期更新其功能,因此用户需要对安装的扩展插件进行同步更新。

1. 从启动器更新

打开启动器,依次单击"版本管理"→"扩展"→"一键更新"按钮,如图 7.7 所示。

图 7.7　一键更新

也可以单独更新某一款扩展插件或切换版本,如图 7.8 所示。

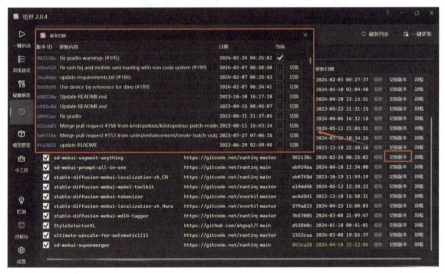

图 7.8　切换版本

更新完成后,启动 Stable Diffusion 即可。

2. 从扩展列表更新

打开 Stable Diffusion 操作界面,依次选择"扩展"→"已安装"选项卡,单击"检查更新"按钮,如图 7.9 所示。

图 7.9　从扩展列表更新

更新完成后,关闭该界面,重新启动 Stable Diffusion 即可。

7.1.3 扩展的卸载

1. 卸载

对于过期或不常用的扩展插件，也可以将其卸载。打开启动器，依次单击"版本管理"→"扩展"→"卸载"按钮，即可将插件卸载，如图 7.10 所示。

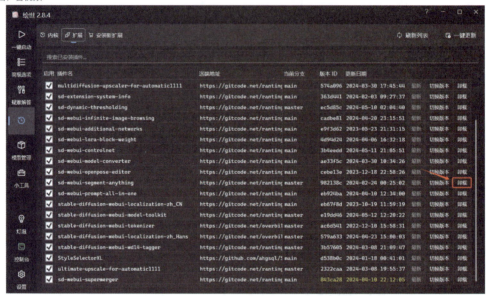

图 7.10 插件的卸载

2. 取消加载

对于不常用的扩展插件，还可以采用取消加载的方式，既可以节约空间，又可以备用，如图 7.11 所示。

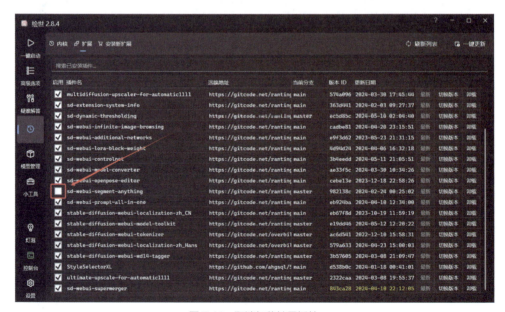

图 7.11 取消加载扩展插件

7.2 Dynamic Prompts 扩展

Dynamic Prompts 扩展适合于创作具有多种风格或不同状态的图像。Dynamic Prompts 通过使用特定的语法，随机挑选不同的提示词，进而生成风格多变的图像。Dynamic Prompts 扩展对于批量生成图像素材作用明显，能够显著提高工作效率。

7.2.1 Dynamic Prompts 语法

扫一扫，看视频

1. 界面设置

Dynamic Prompts 插件默认是开启状态，勾选"组合生成"复选框，如图 7.12 所示。

图 7.12 Dynamic Prompts 界面设置

2. 基本语法

提示词在大括号"{}"中，并用竖线"|"分隔。例如，{summer|autumn|winter|spring} is coming,释义为"{ 夏天 | 秋天 | 冬天 | 春天 } 来了"。在正向提示词文本框中输入当前提示词，如图 7.13 所示。

图 7.13 正向提示词文本框

单击"生成"按钮，则随机生成大括号内含义的图像，如图 7.14 所示。

图 7.14 随机生成的图像

3. 加权选项

可以通过添加权重控制相对频率，语法为"权重 :: 提示词"。例如，{0.5::summer|0.1:: autumn|0.3::winter|0.1::spring}，释义为"{0.5:: 夏天 |0.1:: 秋天 |0.3:: 冬天 |0.1:: 春天 } 来了"。在正向提示词文本框中输入当前提示词，单击"生成"按钮，则根据权重大小随机生成大括号内含义的图像，如图 7.15 所示。

图 7.15　按权重值生成的图像

4. 组合多选

多个提示词组合生成，语法为 2$$。例如，My favourite ice-cream flavours are {2$$chocolate|vanilla|strawberry}，释义为"我最喜欢的冰激凌口味是 {2$$ 巧克力 | 香草 | 草莓 }"。在正向提示词文本框中输入当前提示词，单击"生成"按钮，则随机两两组合生成大括号内含义的图像，如图 7.16 所示。

图 7.16　两两组合生成的图像

5. 环保摄影海报效果展示

环保摄影海报效果展示如图 7.17 所示。

图 7.17 环保摄影海报效果展示

6. 操作步骤

步骤 01 启动界面。打开 Stable Diffusion 操作界面，添加提示词并设置各项参数，具体参数设置见表 7.1。

表 7.1 环保摄影海报具体参数设置

参　　数	值
版本	Stable Diffusion WebUI 启动器 1.9.3
大模型	山竹混合真实 Lightning_6S_DPMSDE
外挂 VAE 模型	无
CLIP 终止层数	2
迭代步数	8
采样方法	DPM++ 3M SDE
Schedule type	SGM Uniform
宽度	800px
高度	1024px
总批次数	4
单批数量	1
提示词引导系数	1
随机数种子	71143784
正向提示词	{crabs|turtles|polar bear|penguin}in the desert where the land is parched { 螃蟹 | 海龟 | 北极熊 | 企鹅 } 在土地干涸的沙漠中

参　　数	值	
反向提示词	—	
风格预设	常规质量 - 山竹	
插件	Dynamic Prompts 扩展插件	
高分辨率修复	启用	
	放大算法	DAT x2
	高分迭代步数	4
	重绘幅度	0.35
	放大倍数	1.5

步骤 02 生成图像。参数设置完成后,单击"生成"按钮,即可得到 4 张图像,如图 7.18 所示。

图 7.18　环保摄影海报效果图像

步骤 03 高清放大。选择一张满意的图像,单击 ▇ 图标,将图像进行高清放大,得到的最终图像效果如图 7.19 所示。

图 7.19　环保摄影海报最终图像效果

思考与练习

通过学习本小节，请读者使用 Dynamic Prompts 扩展，生成小猫、小狗、小鸡、小鸭图像。答案如图 7.20 所示。

图 7.20 小猫、小狗、小鸡、小鸭图像

7.2.2 Dynamic Prompts 通配符

1. 部署方法

步骤 01 在整合包的 extensions 扩展文件夹中找到 sd-dynamic-prompts → wildcards 文件夹，如图 7.21 所示。

扫一扫，看视频

图 7.21 wildcards 文件夹

步骤 02 在此文件夹中创建一个文本文档（扩展名为 .txt），命名为"上衣"，如图 7.22 所示。

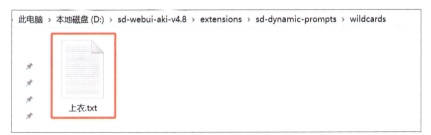

图 7.22 "上衣"文本文档

步骤 03 双击打开"上衣"文本文档，依据图例格式依次输入 collared_shirt,t-shirt, hoodie,waistcoat，释义为"有领衬衫、T-恤、连帽衫、背心"，如图 7.23 所示。

图 7.23 "上衣"文本文档中的内容

步骤 04 采用同样方法创建名为"裤子"的文本文档并输入内容 jeans,skirt,short,track_ pant，释义为"牛仔裤、裙子、短裤、运动裤"，如图 7.24 所示。

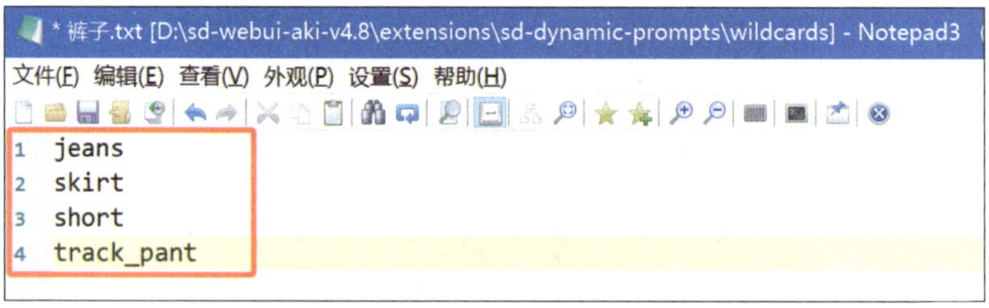

图 7.24 "裤子"文本文档中的内容

至此，wildcards 文件夹中即创建了名为"上衣"和"裤子"的文本文档，如图 7.25 所示。

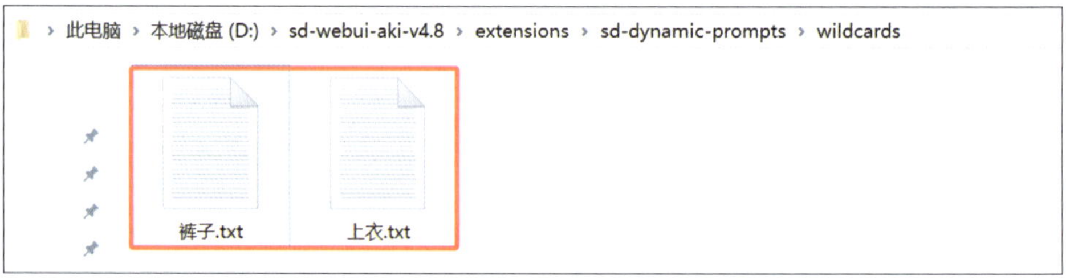

图 7.25 "上衣"和"裤子"文本文档

2. 基本语法

Dynamic Prompts 通配符的语法格式为"_ _提示词 _ _"，调用方法为"Shift+_ _"，如图 7.26 所示。

图 7.26 "_ _上衣 _ _"示例

3. 变装女孩效果展示

变装女孩效果展示如图 7.27 所示。

图 7.27 变装女孩效果展示

4. 操作步骤

步骤 01 启动界面。打开 Stable Diffusion 操作界面，添加提示词并设置各项参数，具体参数设置见表 7.2。

表 7.2 变装女孩具体参数设置

参 数	值
版本	Stable Diffusion WebUI 启动器 1.9.3
大模型	山竹混合真实 Lightning_6S_DPMSDE
外挂 VAE 模型	无
CLIP 终止层数	2
迭代步数	8
采样方法	DPM++ 3M SDE
Schedule type	SGM Uniform
宽度	800px
高度	1024px
总批次数	4
单批数量	1
提示词引导系数	1
随机数种子	2733032989
正向提示词	a Chinese girl,smiling, _ _ 上 衣 _ _,_ _ 裤 子 _ _,upper body, simple colorful background 一个中国女孩、微笑、_ _ 上衣 _ _、_ _ 裤子 _ _、上身、简单多彩的背景

参　数	值	
反向提示词	—	
风格预设	—	
LoRA 模型	—	
插件	ADetailer 开启	
高分辨率修复	启用	
	放大算法	R-ESRGAN 4x+
	高分迭代步数	4
	重绘幅度	0.35
	放大倍数	1.5

步骤 02 生成图像。设置完成后，单击"生成"按钮，得到 4 张图像，如图 7.28 所示。

图 7.28　生成的变装女孩图像

步骤 03 高清放大。选择第 1 张图像，单击■图标，将图像进行 1.5 倍高清放大，得到的最终图像效果如图 7.29 所示。

图 7.29　变装女孩最终图像效果

AI 设计指南——Stable Diffusion 商业案例实操

思考与练习

通过学习本小节，请读者使用 Dynamic Prompts 扩展通配符用法，生成变装男孩图像。答案如图 7.30 所示。

图 7.30　变装男孩图像

7.3　Segment Anything 扩展

Segment Anything 是增强语义分割、自动图像抠图的一款功能强大的扩展，可以通过简单的操作把图像中的区域以黑白通道的形式分割出来。Segment Anything 支持手动分割和语义分割。

扫一扫，看视频

1. 部署方法

将本书提供的 sam 模型文件复制至图 7.31 所示的位置。

图 7.31　复制 sam 模型

将本书提供的 grounding-dino 模型文件复制至图 7.32 所示的位置。

图 7.32　复制 grounding-dino 模型

复制完成后的文件夹路径和内容如图 7.33 所示。

图 7.33　文件夹路径和内容

2. 网络

相关的模型文件复制至正确的文件夹后，第 1 次使用该扩展时会自动下载相应的依赖和配置文件，在这一过程中要保持网络畅通。

3. 模特换装效果展示

模特换装效果展示如图 7.34 所示。

图 7.34　模特换装效果展示

4. 操作步骤

步骤 `01` 启动界面。打开 Stable Diffusion 操作界面，在"图生图"选项卡中添加提示词并设置各项参数，具体参数设置见表 7.3。

表 7.3　模特换装具体参数设置

参　　数	值
版本	Stable Diffusion WebUI 启动器 1.9.3
大模型	rundiffusionFX_v10
外挂 VAE 模型	无
CLIP 终止层数	2
迭代步数	20
采样方法	DPM++ 3M SDE
Schedule type	SGM Uniform
宽度	600px
高度	768px
总批次数	9
单批数量	1
提示词引导系数	7
重绘强度	0.75
随机数种子	2260407424
正向提示词	{shirt|sweater|loungewear} { 衬衫 | 毛衣 | 休闲服 }
反向提示词	—
风格预设	常规质量 - 山竹
LoRA 模型	—
Segment Anything	SAM 模型：sam_vit_h_4b8939.pth

步骤 `02` 加载图像。在 Segment Anything 扩展的"SAM 模型"下拉列表中选择 sam_vit_h_4b8939.pth，并加载女孩图像，如图 7.35 所示。

图 7.35　加载女孩图像

步骤 03 分割图像。单击需要替换的区域，用黑色圆点表示；右击其他区域，用红色圆点表示，如图 7.36 所示。

图 7.36　分割图像

步骤 04 下载蒙版。标记完成后，单击"预览分离结果"按钮，在生成的 3 个蒙版中选择满意的一个并下载，如图 7.37 所示。

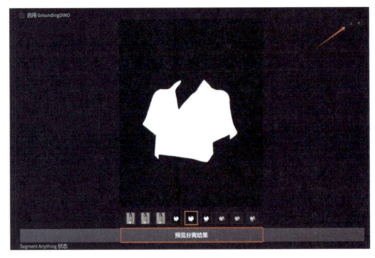

图 7.37　下载蒙版

步骤 05 局部重绘。在"上传重绘蒙版"选项卡中上传女孩图像和蒙版图像，如图 7.38 所示。

图 7.38　上传女孩图像和蒙版图像

设置图 7.39 所示的参数。

图 7.39　设置参数

步骤 06 生成图像。所有参数设置完成后,单击"生成"按钮,最终图像效果如图 7.40 所示。

图 7.40　模特换装最终图像效果

思考与练习

通过学习本节,请读者使用 Segment Anything 扩展和局部重绘方法,生成换装男孩图像。答案如图 7.41 所示。

图 7.41　换装男孩图像

7.4　LoRA Block Weight

　　LoRA 模型功能强大，能够通过提高或者降低权重的方式对大模型的效果进行微调。然而，有些 LoRA 模型由于自身训练的局限性，对于一些更为精细的调节不能起到良好的效果。因此，对 LoRA 模型进行分块权重控制很有必要，LoRA Block Weight 扩展就是为了解决这一问题而出现的。

　　LoRA 模型通过对 U-Net（神经网络结构）的各个分块进行权重调整来达到改变大模型效果的目的。不同版本的大模型分块设置不同，均由 BASE 层（基础层，即开关层）、IN 层（输入层）、MID 层（中间层）和 OUT 层（输出层）构成。

　　例如，SD 1.5 版本的模型有 17 层，即 BASE 层，输入层 01、02、04、05、07、08，中间层及输出层 03 ~ 11，如图 7.42 所示。

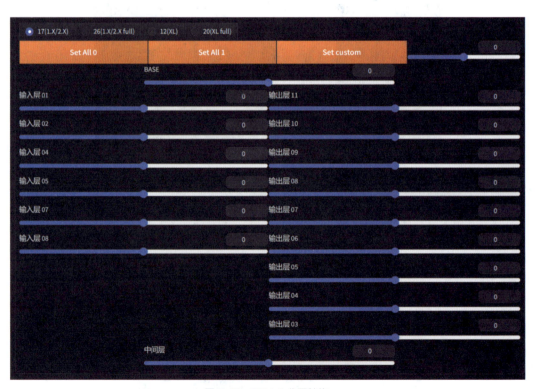

图 7.42　SD 1.5 分层结构

　　SD 2.X 分为 26 层，SDXL 分为 12 层和 20 层，如图 7.43 ~ 图 7.45 所示。

图 7.43　SD 2.X 分层结构

图 7.44　SDXL 12 层结构

图 7.45　SDXL 20 层结构

1. 语法

LoRA 的语法格式为 <lora:ral-lava-sdxl-v2:1>，如图 7.46 所示。

图 7.46　<lora:ral-lava-sdxl-v2:1>

LoRA 分块的语法格式为 <lora:ral-lava-sdxl-v2:1:lbw=1,1,1,1,1,1,1,1,1,1,1,1,1,1,1,1,1>，如图 7.47 所示。

图 7.47　<lora:ral-lava-sdxl-v2:1:lbw=1,1,1,1,1,1,1,1,1,1,1,1,1,1,1,1,1>

其可以简化表示为 <lora:ral-lava-sdxl-v2:1:lbw=NONE>，如图 7.48 所示。

图 7.48　<lora:ral-lava-sdxl-v2:1:lbw=NONE>

其中，NONE:1,1,1,1,1,1,1,1,1,1,1,1,1,1,1,1,1 如图 7.49 所示。

图 7.49　NONE:1,1,1,1,1,1,1,1,1,1,1,1,1,1,1,1,1

2. 王者之风效果展示

王者之风效果展示如图 7.50 所示。

图 7.50　王者之风效果展示

3. 操作步骤

步骤 `01` 启动界面。打开 Stable Diffusion 操作界面，在"文生图"选项卡中添加提示词并设置各项参数，具体参数设置见表7.4。

表 7.4 王者之风具体参数设置

参 数	值
版本	Stable Diffusion WebUI 启动器 1.9.3
大模型	山竹混合真实 Lightning_6S_DPMSDE
外挂 VAE 模型	无
CLIP 终止层数	2
迭代步数	12
采样方法	DPM++ 3M SDE
Schedule type	SGM Uniform
宽度	1024px
高度	1280px
总批次数	4
单批数量	1
提示词引导系数	1
随机数种子	2497459700
正向提示词	1 huge lion burning fire,ice manes,frozen lake 1 只巨大的狮子燃烧着火焰、冰封的鬃毛、冰封的湖面
反向提示词	—
风格预设	常规质量 - 山竹
LoRA 模型	<lora:Mythical_Beasts:0.75>,fmb,<lora:faize:1:lbw=NONAME>,faize style
LoRA Block Weight	启用

步骤 `02` 启用 LoRA Block Weight。参数设置完成后，在"脚本"下拉列表中选择 LoRA Block Weight，并勾选"启用"复选框，如图 7.51 所示。

图 7.51 启用 LoRA Block Weight

步骤 `03` 设置 Make Weights。打开 Make Weights 界面并设置层参数，如图 7.52 所示。

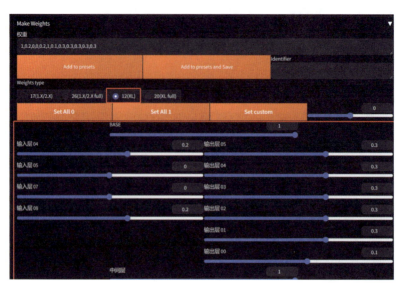

图 7.52　设置 Make Weights

步骤 04 加载预设值。单击 Add to presets 按钮，加载预设值，如图 7.53 所示。

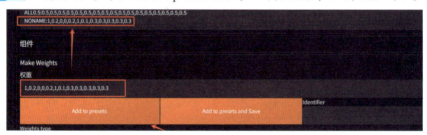

图 7.53　加载预设值

加载完成后，预设值与权重值关联，如图 7.54 所示，即表示正向提示词输入框中的 "<lora:faize:1:lbw=NONAME>" NONAME=1,0.2,0,0,0.2,1,0.1,0.3,0.3,0.3,0.3,0.3。

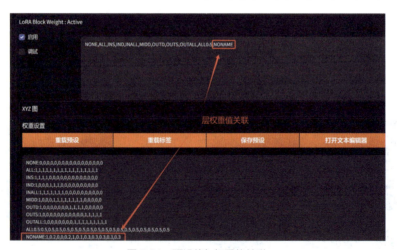

图 7.54　预设值与权重值关联

步骤 05 生成图像。设置完成后，单击"生成"按钮，得到 4 张图像，如图 7.55 所示。

图 7.55　生成的王者之风图像

步骤 06　高清放大。选择第 1 张图像，单击 图标，将图像进行 1.5 倍高清放大，得到的最终图像效果如图 7.56 所示。

图 7.56　王者之风最终图像效果

思考与练习

通过学习本节，请读者使用 LoRA Block Weight 控制分层权重的方法，生成燃龟图像。答案如图 7.57 所示。

图 7.57　燃龟图像

第 8 章　商业实战案例

扫一扫，看视频

Stable Diffusion 作为一种先进的图像生成技术，对商业和各行业产生了深远的影响和作用。Stable Diffusion 通过自动化和智能化的图像生成，显著提升了商业摄影、游戏开发、广告创意、时尚设计、室内设计、建筑设计以及数字艺术等多个领域的效率和创作力。影视和游戏行业利用其生成逼真的场景和角色，减少了制作时间和成本；广告创意领域借助其生成吸引人的视觉创意，提高了品牌曝光率和客户参与度；室内设计和建筑设计通过快速生成设计方案和效果图，有效地促进了创意的展现及与客户的沟通效率；数字艺术借助它探索新的创作风格和方法。

总之，Stable Diffusion 不仅提高了各行业的生产力，而且推动了科技创新和思维创意的发展，彻底改变了传统的工作流程。

⮕ 本章概述

通过学习本章，读者可以掌握 Stable Diffusion 商业应用方法。

⮕ 本章重点

（1）Stable Diffusion 商业摄影。

（2）Stable Diffusion 产品设计。

（3）Stable Diffusion 室内与建筑设计。

（4）Stable Diffusion 浮雕。

8.1　Stable Diffusion 商业摄影

摄影艺术是一种结合技术与美学的视觉表达方式，需要掌握相机操作、曝光控制、光线运用等技术细节，同时需要了解构图原理、创意思维、后期处理等艺术原则，还需要发展个人风格，深化专业知识，持续创新和学习新技术以适应未来发展。

Stable Diffusion 技术的引入为摄影艺术带来了新的发展机遇，其不仅可以帮助摄影师构思创意，快速生成图像原型，而且能为照片赋予不同的艺术风格，节省时间并拓宽创意空间，创造难以拍摄的场景。对于商业摄影而言，Stable Diffusion 的出现提高了效率，减少了环节，拓宽了业务范围。

8.1.1　Stable Diffusion 商业摄影概述

商业摄影已成为品牌传播和市场营销中不可或缺的一环。商业摄影通过捕捉瞬间、传递信息、塑造形象，为商业世界提供了一种强有力的视觉语言。商业摄影的模式多样，从影楼摄影到广告摄影，从产品摄影到时尚摄影，每种模式都对应特定的创意表现和市场需求。

商业摄影包含广告摄影、产品摄影、时尚摄影、活动摄影等。

影楼是商业摄影中普遍的形式之一，影楼的前身是照相馆，通常包括婚纱摄影、个人写真、家庭摄影等。随着社会的发展，客户对摄影服务的期待已经从单一的拍摄转向了更加全面的视觉体验。

1. 摄影设备和器材

摄影设备和器材如图 8.1 所示。

图 8.1　摄影设备和器材

2. 商业摄影环节

商业摄影环节及其内容见表 8.1。

表 8.1　商业摄影环节及其内容

环　节	内　容
客户沟通	沟通客户需求、主题、风格、创意等
前期策划	确定摄影项目的目标、风格、预算和时间表
创意构思	根据项目需求，进行创意构思和视觉规划
场地选择	选择合适的拍摄场地和模特，确保与摄影主题相匹配
设备准备	准备所需的摄影设备，包括相机、镜头、照明设备等
拍摄执行	进行实际拍摄，控制光线、构图和模特指导
后期制作	对图像进行选择、编辑、修饰和色彩校正
成果交付	交付最终的摄影作品

3. Stable Diffusion 摄影

Stable Diffusion 介入商业摄影过程中，可以节约成本，缩短周期，减少设备和环节，如无须选择场地、无须准备设备等。

8.1.2 实战——Stable Diffusion 证件照

传统证件照需要本人现场拍摄，而利用 Stable Diffusion 技术，只需一张生活照即可生成证件照。Stable Diffusion 生成的证件照效果如图 8.2 所示。

图 8.2　证件照效果

1. 素材准备

生成证件照前需要准备素材，见表 8.2。

表 8.2　素材准备

图　　像	类　　别	要　　求	途　　径
	生活照	五官清晰	自拍
	证件照模板	尺寸分辨率符合要求，清晰	Stable Diffusion

2. 操作步骤

生成证件照的具体参数设置见表 8.3。

表 8.3　生成证件照的具体参数设置

参　　数	值
版本	Stable Diffusion WebUI 启动器 1.9.3
大模型	山竹混合真实 Lightning_6S_DPMSDE
外挂 VAE 模型	无
CLIP 终止层数	2
迭代步数	8
采样方法	Euler

参　数	值	
Schedule type	SGM Uniform	
宽度	800px	
高度	1024px	
总批次数	4	
单批数量	1	
提示词引导系数	1	
随机数种子	4093975459	
正向提示词	red background,1 girl,Asian,black short hair,dark jacket,white shirt,looking at viewer,upper body,symmetry 红色背景、1 个女孩、亚洲人、黑色短发、深色夹克、白色衬衫、看着观众、上身、对称	
反向提示词	—	
风格预设	常规质量 – 山竹	
LoRA 模型	—	
ControlNet Instant-ID	instant_id_face_embedding	ip-adapter_instant_id_sdxl
ControlNet Instant-ID	instant_id_face_keypoints	control_instant_id_sdxl
ControlNet Tile	tile_colorfix	ttplanetSDXLControlnet_v20Fp16

步骤 01 ControlNet 单元 0[Instant-ID] 设置如图 8.3 所示。

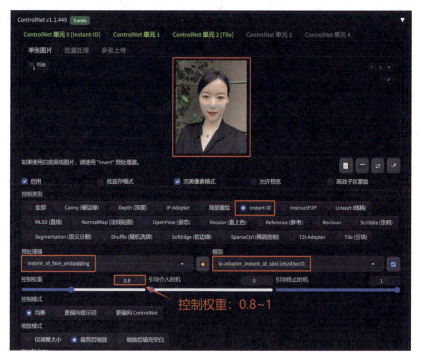

图 8.3　ControlNet 单元 0[Instant-ID] 设置

步骤 02 ControlNet 单元 1[Instant-ID] 设置如图 8.4 所示。

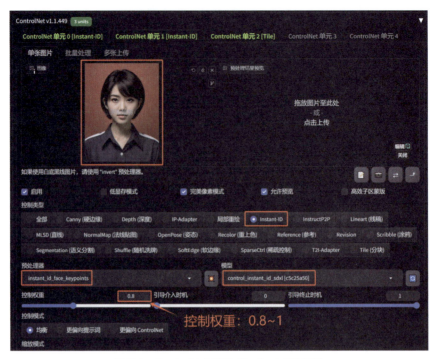

图 8.4　ControlNet 单元 1[Instant-ID] 设置

步骤 03 ControlNet 单元 2[Tile] 设置如图 8.5 所示。

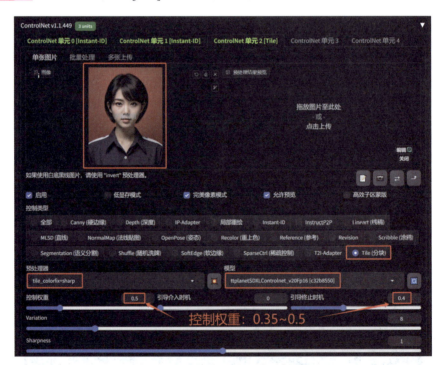

图 8.5　ControlNet 单元 2[Tile] 设置

步骤 04 生成图像。参数设置完成后，单击"生成"按钮，生成结果如图 8.6 所示。

图 8.6　生成结果

步骤 **05** 高清放大。选择一张满意的图像，单击 █ 图标，进行高清放大，得到的最终图像效果如图 8.7 所示。

图 8.7　证件照最终图像效果

思考与练习

通过学习本小节，请读者使用 ControlNet Instant-ID 功能，生成证件照图像。答案如图 8.8 所示。

图 8.8　证件照图像

8.1.3　实战——Stable Diffusion 艺术写真

艺术写真摄影是一种结合创意与情感的摄影艺术，通过独特的视角、光线和构图捕捉个性与情感，注重个性化和艺术性。Stable Diffusion 技术可以突破时间和空间的限制，为图像赋予更广阔的创意。

扫一扫，看视频

1. 素材准备

生成艺术写真图像前需要准备素材，见表 8.4。

表 8.4　素材准备

图　　像	类　　别	要　　求	途　　径
	生活照或其他	五官清晰，构图完整	自拍或其他

2. 操作步骤

步骤 01　生成艺术图像。打开 Stable Diffusion 操作界面，在"文生图"选项卡中添加提示词并设置各项参数，具体参数设置见表 8.5。

表 8.5　艺术图像具体参数设置

参　　数	值	
版本	Stable Diffusion WebUI 启动器 1.9.3	
大模型	SZXL_Lightning8S_Euler.fp16	
外挂 VAE 模型	无	
CLIP 终止层数	2	
迭代步数	8	
采样方法	Euler a	
Schedule type	SGM Uniform	
宽度	800px	
高度	1024px	
总批次数	4	
单批数量	1	
提示词引导系数	1	
随机数种子	1298769187	
正向提示词	a girl,black hairs,beautiful face,smiling,white T-shirt,full body,lotus,plants,early morning,sky 一个女孩、黑色的头发、美丽的脸、微笑、白色的 T 恤、全身、莲花、植物、清晨、天空	
反向提示词	Easy Negative 容易消极	
风格预设	摄影 - 山竹	
LoRA 模型	RMSDXL_Photo	
ControlNet Instant-ID	instant_id_face_embedding	ip-adapter_instant_id_sdxl
ControlNet Instant-ID	instant_id_face_keypoints	control_instant_id_sdxl
ControlNet Tile	tile_colorfix+sharp	ttplanetSDXLControlnet_v20

设置完成后，单击"生成"按钮，得到艺术图像，如图 8.9 所示。

图 8.9　生成的艺术图像

步骤 02 加载图像。ControlNet 单元 0[Instant-ID] 设置如图 8.10 所示。

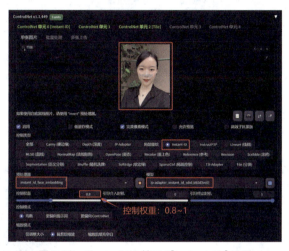

图 8.10　ControlNet 单元 0[Instant-ID] 设置

步骤 03 加载写真图像。ControlNet 单元 1[Instant-ID] 设置如图 8.11 所示。

图 8.11　ControlNet 单元 1[Instant-ID] 设置

步骤 04 控制图像。ControlNet 单元 2[Tile] 设置如图 8.12 所示。

图 8.12　ControlNet 单元 2 的 [Tile] 设置

步骤 05 生成图像。单击"生成"按钮，生成图像，如图 8.13 所示。

图 8.13　生成图像

步骤 06 高清放大。选择一张满意的图像，单击 ▦ 图标，将图像进行高清放大，得到的最终图像效果如图 8.14 所示。

图 8.14　SD 艺术写真最终图像效果

通过学习本小节，请读者使用 ControlNet Instant-ID 功能，生成艺术写真图像。

答案如图 8.15 所示。

图 8.15　艺术写真图像

8.1.4　实战——Stable Diffusion 老照片修复

Stable Diffusion 通过深度学习模型分析和重建图像色彩空间，能够恢复照片的原始色彩并提升老照片的清晰度和质量。

1. 效果展示

老照片修复效果展示如图 8.16 所示。

扫一扫，看视频

图 8.16　老照片修复效果展示

2. 操作步骤

步骤 01 加载图像。在"后期处理"选项卡中加载图像，如图 8.17 所示。

图 8.17　加载图像

步骤 02 图像放大。勾选"图像放大"复选框,并进行相应的设置,如图 8.18 所示。

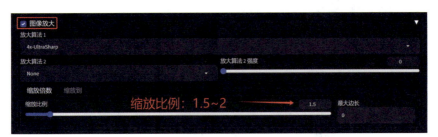

图 8.18　图像放大

步骤 03 控制人脸细节。勾选 GFPGAN 复选框,并进行相应的设置,控制人脸细节,如图 8.19 所示。

图 8.19　控制人脸细节

步骤 04 生成图像。单击"生成"按钮得到最终图像,如图 8.20 所示。

图 8.20　修复后的最终图像效果

思考与练习

通过学习本小节,请读者使用后期处理功能,修复老照片图像。

答案如图 8.21 所示。

图 8.21　修复老照片图像

8.1.5 实战——Stable Diffusion 古代人物复原

1.效果展示

古代人物复原效果展示如图 8.22 所示。

扫一扫，看视频

图 8.22　古代人物复原效果展示

2.操作步骤

步骤 01 设置参数。打开 Stable Diffusion 操作界面，在"图生图"选项卡中添加提示词并设置各项参数，具体参数设置见表 8.6。

表 8.6　古代人物复原具体参数设置

参　　数	值
版本	Stable Diffusion WebUI 启动器 1.9.3
大模型	realisticVisionV60B1_v51VAE
外挂 VAE 模型	vae-ft-mse-840000-ema-pruned
CLIP 终止层数	2
迭代步数	30
采样方法	Euler a
Schedule type	SGM Uniform
宽度	600px
高度	800px
总批次数	4
单批数量	1
提示词引导系数	7
重绘幅度	0.55
随机数种子	1319964088
正向提示词	1 man,black eyes,wrinkles,black hair,black headwear,closed mouth,facial hair,hat,looking at viewer,white hanfu,cloth 1 个男人、黑色眼睛、皱纹、黑色头发、黑色头饰、闭着嘴、面部毛发、帽子、看着观众、白色汉服、布料
反向提示词	Easy Negative 容易消极

续表

参　数	值	
风格预设	摄影－山竹	
LoRA 模型	—	
ControlNet Lineart	lineart_realistic	control_v11p_sd15_lineart
ControlNet Depth	depth_anything	control_v11f1p_sd15_depth

步骤 02 启用 ControlNet 单元 0[Lineart]。ControlNet 单元 0[Lineart] 设置如图 8.23 所示。

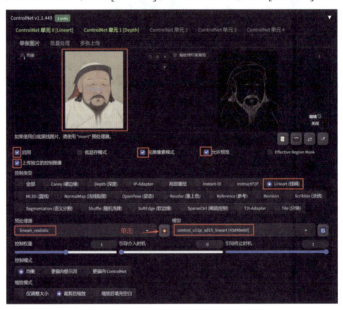

图 8.23　ControlNet 单元 0[Lineart] 设置

步骤 03 启用 ControlNet 单元 1。ControlNet 单元 1[Depth] 设置如图 8.24 所示。

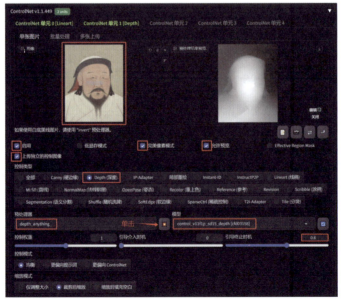

图 8.24　ControlNet 单元 1[Depth] 设置

步骤 04 生成图像。单击"生成"按钮得到最终图像，如图 8.25 所示。

图 8.25　古代人物复原的最终图像效果

思考与练习

通过学习本小节，请读者使用 ControlNet Lineart 和 Depth 功能，复原古代人物图像。答案如图 8.26 所示。

图 8.26　古代人物复原图像

8.2　Stable Diffusion 产品设计

传统产品设计在创新性和效率方面存在劣势。传统设计流程往往较为烦琐，设计周期长且受限于技术和工具，创新度有限。Stable Diffusion 采用了先进的图像生成技术，显著提高了设计效率和创新性，大大缩短了产品研发周期，能够快速实现设计师的创意构思，并且保证了高质量的输出。

要实现从传统产品设计到 Stable Diffusion 创意设计的过渡，需要引入和整合先进的图像生成技术，优化产品设计流程，推动产品设计领域向更高水平发展。

8.2.1　传统产品设计

传统产品设计在用户体验和可持续性方面存在不足，难以满足用户需求和环保要求，同时技术应用滞后，难以结合人工智能和大数据等新技术，限制了产品的创新性和功能性。

新产品开发是一个复杂且系统的过程，涵盖了 8 个必要的阶段，分别是创意产生、创意筛选、产品概念的发展和测试、营销规划、商业分析、产品开发、试销以及商品化。该过程旨在通过深入研究、试制和投产，帮助企业更新或扩大其产品品种。

随着科技的快速进步，市场对新产品的要求越来越高，不仅希望产品功能强大、性能稳定，而且期待其具有独特性和创新性。许多企业正在积极开发新产品，努力突破技术和创意的限制，力求推出真正符合市场需求的创新产品。

8.2.2　实战——Stable Diffusion 毛绒玩具设计

扫一扫，看视频

Stable Diffusion 可以显著提升毛绒玩具设计效率和创意水平，并且可以根据用户偏好生成个性化设计，提供更贴近用户需求的产品，如图 8.27 所示。

图 8.27　毛绒兔子的创意

1. 毛绒玩具效果展示

毛绒玩具效果展示如图 8.28 所示。

图 8.28　毛绒玩具效果展示

2. 操作步骤

步骤 01 设置参数。打开 Stable Diffusion 操作界面，在"文生图"选项卡中添加提示词并设置各项参数，具体参数设置见表 8.7。

表 8.7　毛绒玩具具体参数设置

参　　数	值	
版本	Stable Diffusion WebUI 启动器 1.9.3	
大模型	山竹混合真实 Lightning_6S_DPMSDE	
外挂 VAE 模型	—	
CLIP 终止层数	2	
迭代步数	8	
采样方法	DPM++ 3M SDE	
Schedule type	SGM Uniform	
宽度	800px	
高度	1024px	
总批次数	4	
单批数量	1	
提示词引导系数	1	
随机数种子	369927218	
正向提示词	1 panda,white background 1 只熊猫、白色背景	
反向提示词	—	
风格预设	毛绒玩具 – 山竹	
LoRA 模型	—	
ControlNet SoftEdge	softedge_hed	control-lora-sketch-rank256

步骤 02 启用 ControlNet 单元 0[SoftEdge]。ControlNet 单元 0[SoftEdge] 设置如图 8.29 所示。

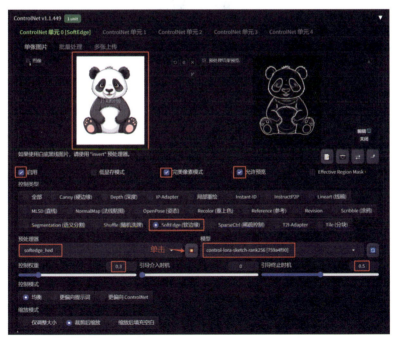

图 8.29　ControlNet 单元 0[SoftEdge] 设置

步骤 03 生成图像。单击"生成"按钮，得到 4 张图像，如图 8.30 所示。

图 8.30　生成图像

步骤 04 高清放大。选择一张满意的图像，单击 图标，将图像进行高清放大，得到的最终图像效果如图 8.31 所示。

图 8.31　熊猫玩具最终图像效果

思考与练习

通过学习本小节，请读者使用 ControlNet SoftEdge 功能，生成兔子玩具图像。
答案如图 8.32 所示。

图 8.32　兔子玩具图像

8.2.3 实战——Stable Diffusion 创意手办

Stable Diffusion 可以通过"文生图"选项卡精确模拟不同材质和细节，极大地提升了设计效率和图像效果；同时，可以调整提示词并优化设计，确保最终产品符合预期，如图 8.33 所示。

扫一扫，看视频

图 8.33 机甲手办的创意图像

1. 机甲手办效果展示

机甲手办效果展示如图 8.34 所示。

图 8.34 机甲手办效果展示

2. 操作步骤

步骤 01 设置参数。打开 Stable Diffusion 操作界面，在"文生图"选项卡中添加提示词并设置各项参数，具体设置见表 8.8。

表 8.8 机甲手办具体参数设置

参　数	值
版本	Stable Diffusion WebUI 启动器 1.9.3
大模型	山竹混合真实 Lightning_6S_DPMSDE
外挂 VAE 模型	—
CLIP 终止层数	2
迭代步数	8
采样方法	DPM++ 3M SDE
Schedule type	SGM Uniform
宽度	800px
高度	1024px
总批次数	4

参　数	值
单批数量	4
提示词引导系数	1
随机数种子	3317384431
正向提示词	multiple angles,(chibi mecha:1.3),big head,gold,full small body,white background 多角度、（赤壁机甲：1.3）、大头、金色、全身小、白色背景
反向提示词	(boy:1.3),(girl:1.3) （男孩：1.3）、（女孩：1.3）
风格预设	3D 模型 – 山竹
LoRA 模型	—

步骤 02 生成图像。单击"生成"按钮，得到 4 张图像，如图 8.35 所示。

图 8.35　生成图像

步骤 03 高清放大。选择一张满意的图像，单击 图标，将图像进行高清放大，得到的最终图像效果如图 8.36 所示。

图 8.36　机甲手办最终图像效果

通过学习本小节，请读者使用文生图功能，生成浣熊机甲图像。

答案如图 8.37 所示。

图 8.37　浣熊机甲图像

8.3　Stable Diffusion 室内与建筑设计

8.3.1　实战——Stable Diffusion 室内设计

Stable Diffusion 在室内设计中的应用主要体现在效果图生成、色彩搭配、家具布局和装饰元素等方面。Stable Diffusion 能够快速生成多种风格和主题的高质量效果图，模拟不同的色彩方案，帮助选择最佳配色，创建多种家具摆放方案，优化空间利用，并快速尝试不同装饰，提升设计多样性和创意，如图 8.38 所示。

扫一扫，看视频

living room|bedroom|kitchen,reflection

客厅|卧室|厨房、反射

图 8.38　客厅、卧室、厨房效果图

1. 室内设计效果展示

室内设计效果展示如图 8.39 所示。

原图　　　Depth预处理器　　　生成效果图

图 8.39　室内设计效果展示

2. 操作步骤

步骤 01 设置参数。打开 Stable Diffusion 操作界面，在"文生图"选项卡中添加提示词并设置各项参数，具体参数设置见表 8.9。

表 8.9　室内设计具体参数设置

参　　数	值	
版本	Stable Diffusion WebUI 启动器 1.9.3	
大模型	SZ1.5_8S_SDE_Decoration.fp16	
外挂 VAE 模型	vae-ft-mse-840000-ema-pruned	
CLIP 终止层数	2	
迭代步数	8	
采样方法	DPM++ 3M SDE	
Schedule type	SGM Uniform	
宽度	1024px	
高度	800px	
总批次数	4	
单批数量	1	
提示词引导系数	1	
随机数种子	1857863092	
正向提示词	living room,couch,chair,coffee table,window,wooden floor,white wall,plant,reflection,sunshine 客厅、沙发、椅子、咖啡桌、窗户、木地板、白墙、植物、反射、阳光	
反向提示词	—	
风格预设	摄影－山竹	
LoRA 模型	—	
ControlNet Depth	depth_anything	control_v11f1p_sd15_depth

步骤 02 启用 ControlNet 单元 0[Depth]。ControlNet 单元 0[Depth] 设置如图 8.40 所示。

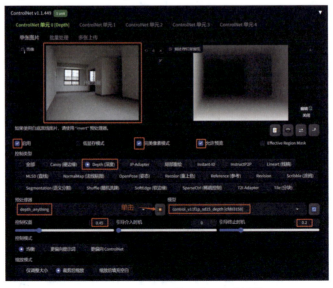

图 8.40　ControlNet 单元 0[Depth] 设置

步骤 03 生成图像。单击"生成"按钮，得到 4 张图像，如图 8.41 所示。

图 8.41　生成图像

步骤 04 高清放大。选择一张满意的图像，单击■图标，将图像进行高清放大，得到的最终图像效果如图 8.42 所示。

图 8.42　室内设计最终图像效果

思考与练习

通过学习本小节，请读者使用文生图和 ControlNet Depth 功能，生成厨房设计图像。答案如图 8.43 所示。

图 8.43　厨房设计图像

8.3.2 实战——Stable Diffusion 建筑设计

扫一扫，看视频

在建筑设计中，Stable Diffusion 能够快速模拟材料、光影和空间布局，创建高度逼真的三维效果图，从而节省时间并提高设计效率。Stable Diffusion 可在早期阶段进行虚拟测试和优化，提高设计的可行性和创新性，如图 8.44 所示。

图 8.44　创意建筑效果

1. 建筑设计效果展示

建筑设计效果展示如图 8.45 所示。

图 8.45　建筑设计效果展示

2. 操作步骤

步骤 01 设置参数。打开 Stable Diffusion 操作界面，在"文生图"选项卡中添加提示词并设置各项参数，具体参数设置见表 8.10。

表 8.10　建筑设计具体参数设置

参　　数	值
版本	Stable Diffusion WebUI 启动器 1.9.3
大模型	SZ1.5_8S_SDE_LandscapeDesign.fp16
外挂 VAE 模型	vae-ft-mse-840000-ema-pruned
CLIP 终止层数	2
迭代步数	8
采样方法	DPM++ 3M SDE
Schedule type	SGM Uniform
宽度	1024px
高度	800px
总批次数	4

参 数	值	
单批数量	1	
提示词引导系数	1	
随机数种子	388600672	
正向提示词	spherical building,flat top,ring,forest,landscape,sky,clouds 球形建筑、平顶、环形、森林、景观、天空、云	
反向提示词	—	
风格预设	摄影－山竹	
LoRA 模型	—	
ControlNet Depth	depth_anything	control_sd15_depth_anything

步骤 **02** 启用 ControlNet 单元 0[Depth]。ControlNet 单元 0[Depth] 设置如图 8.46 所示。

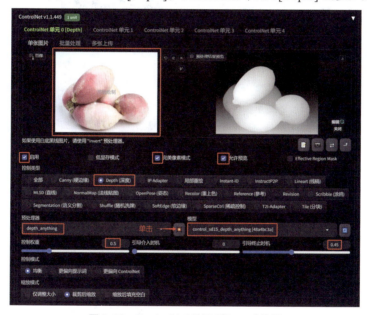

图 8.46　ControlNet 单元 0[Depth] 设置

步骤 **03** 生成图像。单击"生成"按钮，得到 4 张图像，如图 8.47 所示。

图 8.47　生成图像

步骤 04 高清放大。选择一张满意的图像，单击 ■ 图标，将图像进行高清放大，得到的最终图像效果如图 8.48 所示。

图 8.48　建筑设计最终图像效果

思考与练习

通过学习本小节，请读者使用文生图和 ControlNet Depth 功能，生成创意建筑设计图像。答案如图 8.49 所示。

图 8.49　创意建筑设计图像

8.4　Stable Diffusion 广告创意

8.4.1　实战——Stable Diffusion 节气海报设计

扫一扫，看视频

Stable Diffusion 能生成高质量、创意丰富的图像，减少设计师的工作量和时间。通过提示词描述图像，结合插件及 LoRA 模型，可使设计更灵活高效，提升设计效率和创造力，如图 8.50 所示。

图 8.50 节气海报

1. 立春节气海报效果展示

立春节气海报效果展示如图 8.51 所示。

图 8.51 立春节气海报效果展示

2. 操作步骤

步骤01 使用 Photoshop 处理图像。在 Photoshop 或者其他平面软件中设置图像尺寸为 800px×1024px，选择适当字体，输入文字"立春"，并导出为 png 格式，如图 8.52 所示。

图 8.52 使用 Photoshop 设置文字

步骤02 设置参数。打开 Stable Diffusion 操作界面，在"文生图"选项卡中添加提示词并设置各项参数，具体参数设置见表 8.11。

表 8.11 具体参数设置

参　数	值
版本	Stable Diffusion WebUI 启动器 1.9.3
大模型	SZ1.5_8S_Euler_dreamshaper8.fp16
外挂 VAE 模型	vae-ft-mse-840000-ema-pruned
CLIP 终止层数	2
迭代步数	8
采样方法	DPM++ 3M SDE
Schedule type	SGM Uniform
宽度	800px

参　　数	值	
高度	1024px	
总批次数	4	
单批数量	1	
提示词引导系数	1	
随机数种子	417444058	
正向提示词	3D dianshang style,spring meadow,sky,plant,flowers,grass,(dutch angle:1.3),waterfall 3D 电商风格、春天的草地、天空、植物、花朵、草、（倾斜角度：1.3）、瀑布	
反向提示词	—	
风格预设	3D 模型－山竹	
LoRA 模型	SZ1.5_3DdianshangstyleV1:0.8	
ControlNet Lineart	lineart_anime_denoise	control_v11p_sd15_lineart

步骤 **03** 原文图片启用 ControlNet 单元 0[Lineart]。ControlNet 单元 0[Lineart] 设置如图 8.53 所示。

图 8.53　ControlNet 单元 0[Lineart] 设置

步骤 **04** 生成图像。单击"生成"按钮，得到 4 张图像，如图 8.54 所示。

图 8.54　生成图像

步骤 05 高清放大。选择一张满意的图像，单击 ■ 图标，将图像进行高清放大，得到的最终图像效果如图 8.55 所示。

图 8.55　立春节气海报最终图像效果

思考与练习

通过学习本小节，请读者使用文生图和 ControlNet Depth 功能，生成立秋节气海报图像。答案如图 8.56 所示。

图 8.56　立秋节气海报图像

8.4.2　实战——Stable Diffusion 商业海报设计

Stable Diffusion 能够快速生成多样化的设计方案，实现个性化和定制化设计，以及高质量的图像输出，确保商业海报的视觉冲击力和吸引力，如图 8.57 所示。

扫一扫，看视频

图 8.57　商业海报

233

1. 清爽夏日海报效果展示

清爽夏日海报效果展示如图 8.58 所示。

图 8.58　清爽夏日海报效果展示

2. 操作步骤

步骤 01 使用 Photoshop 处理图片。在 Photoshop 或者其他平面软件中设置图片尺寸为 800px×1024px，选择适当字体，输入文字"清爽夏日"，并导出为 png 格式，如图 8.59 所示。

图 8.59　使用 Photoshop 设置文字

步骤 02 设置参数。打开 Stable Diffusion 操作界面，在"文生图"选项卡中添加提示词并设置各项参数，具体参数设置见表 8.12。

表 8.12　具体参数设置

参　　数	值
版本	Stable Diffusion WebUI 启动器 1.9.3
大模型	SZ1.5_8S_Euler_dreamshaper8.fp16
外挂 VAE 模型	vae-ft-mse-840000-ema-pruned
CLIP 终止层数	2
迭代步数	8
采样方法	DPM++ 3M SDE
Schedule type	SGM Uniform
宽度	800px
高度	1024px
总批次数	4
单批数量	1
提示词引导系数	1

参　　数	值	
随机数种子	638095299	
正向提示词	watermelon,grass,sky,simple outdoor 西瓜、草、天空、简单的户外	
反向提示词	Easy Negative 容易消极	
风格预设	常规质量－山竹	
LoRA 模型	SZ1.5_transparent jelly_V1:0.7触发词：transparent jelly	
LoRA 模型	SZ1.5_3DdianshangstyleV1:0.8触发词：3Ddianshangstyle	
ControlNet Lineart	lineart_realistic	control_v11p_sd15_lineart

步骤 03 启用 ControlNet 单元 0[Lineart]。ControlNet 单元 0[Lineart] 设置如图 8.60 所示。

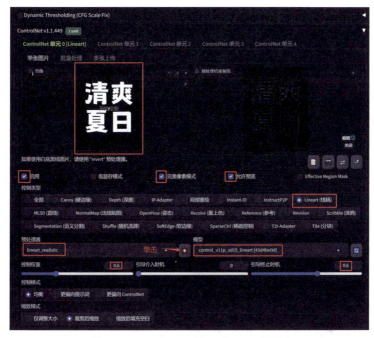

图 8.60　ControlNet 单元 0[Lineart] 设置

步骤 04 生成图像。单击"生成"按钮，得到 4 张图像，如图 8.61 所示。

图 8.61　生成图像

步骤 05 高清放大。选择一张满意的图像，单击 ■ 图标，将图像进行高清放大，得到的最终图像效果如图 8.62 所示。

图 8.62　清爽夏日最终图像效果

思考与练习

通过学习本小节，请读者使用文生图和 ControlNet Lineart 功能，生成每日半价海报图像。答案如图 8.63 所示。

图 8.63　每日半价海报图像

8.5　Stable Diffusion 浮雕

　　Stable Diffusion 通过深度图的距离信息能够精确地捕捉和呈现物体的三维结构和细节，有效地突出前景和背景的层次感，提升生成过程的控制力和灵活性，创造出更具艺术性和个性化的浮雕作品，如图 8.64 所示。

图 8.64　深度图转浮雕

8.5.1　实战——Stable Diffusion 线稿转深度图 – 浮雕

1. 二次元线稿转深度图 – 浮雕效果展示

二次元线稿转深度图 – 浮雕效果展示如图 8.65 所示。

扫一扫，看视频

图 8.65　二次元线稿转深度图 – 浮雕效果展示

2. 操作步骤

步骤 01　设置参数。打开 Stable Diffusion 操作界面，在"文生图"选项卡中添加提示词并设置各项参数，具体参数设置见表 8.13。

表 8.13　具体参数设置

参　　数	值
版本	Stable Diffusion WebUI 启动器 1.9.3
大模型	SZ1.5_8S_Euler_deliberate_v2.fp16
外挂 VAE 模型	—
CLIP 终止层数	2
迭代步数	8
采样方法	Euler a
Schedule type	SGM Uniform
宽度	600px
高度	768px
总批次数	4
单批数量	1

续表

参　数	值	
提示词引导系数	1	
随机数种子	2548901966	
正向提示词	relief greyscale,monochrome,background 浮雕灰度、单色、背景	
反向提示词	—	
风格预设	—	
LoRA 模型	SZ1.5_SZhuidu_V2:1	
ControlNet Lineart	invert(from white by & black line)	control_v11p_sd15_lineart
ControlNet Depth	depth_anything	control_v11f1p_sd15_depth

步骤 02 启用 ControlNet 单元 0[Lineart]。ControlNet 单元 0[Lineart] 设置如图 8.66 所示。

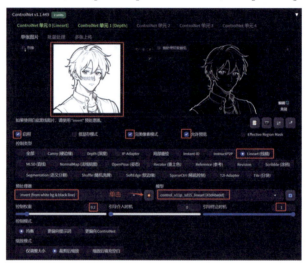

图 8.66　ControlNet 单元 0[Lineart] 设置

步骤 03 启用 ControlNet 单元 1[Depth]。ControlNet 单元 1[Depth] 设置如图 8.67 所示。

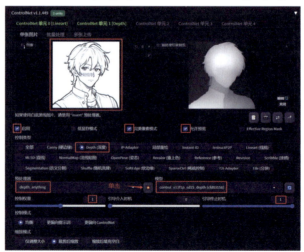

图 8.67　ControlNet 单元 1[Depth] 设置

步骤 04 生成图像。单击"生成"按钮，得到 4 张图像，如图 8.68 所示。

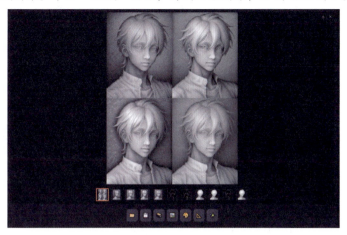

图 8.68 生成图像

步骤 05 高清放大。选择一张满意的图像，单击 图标，将图像进行高清放大，得到的最终图像效果如图 8.69 所示。

图 8.69 二次元线稿转深度图 - 浮雕最终图像效果

思考与练习

通过学习本小节，请读者使用文生图、ControlNet Lineart 和 ControlNet Depth 功能生成二次元线稿转深度图图像。

答案如图 8.70 所示。

图 8.70 二次元线稿转深度图图像

8.5.2 实战——Stable Diffusion 照片转深度图 – 浮雕

扫一扫，看视频

1. 照片转深度图 – 浮雕效果展示

照片转深度图 – 浮雕效果展示如图 8.71 所示。

图 8.71 照片转深度图 – 浮雕效果展示

2. 操作步骤

步骤 01 设置参数。打开 Stable Diffusion 操作界面，在"文生图"选项卡中添加提示词并设置各项参数，具体参数设置见表 8.14。

表 8.14 具体参数设置

参　　数	值	
版本	Stable Diffusion WebUI 启动器 1.9.3	
大模型	SZ1.5_8S_Euler_deliberate_v2.fp16	
外挂 VAE 模型	—	
CLIP 终止层数	2	
迭代步数	8	
采样方法	Euler a	
Schedule type	SGM Uniform	
宽度	600px	
高度	768px	
总批次数	4	
单批数量	1	
提示词引导系数	1	
随机数种子	3805917646	
正向提示词	relief greyscale,T-shirt monochrome,background 浮雕灰度、T 恤、单色、背景	
反向提示词	—	
风格预设	—	
LoRA 模型	SZ1.5_SZhuidu_V2:1	
ControlNet Lineart	lineart_realistic	control_v11p_sd15_lineart
ControlNet Depth	depth_anything	control_v11f1p_sd15_depth

步骤 02 启用 ControlNet 单元 0[Lineart]。ControlNet 单元 0[Lineart] 设置如图 8.72 所示。

图 8.72 ControlNet 单元 0[Lineart] 设置

步骤 03 启用 ControlNet 单元 1[Depth]。ControlNet 单元 1[Depth] 设置如图 8.73 所示。

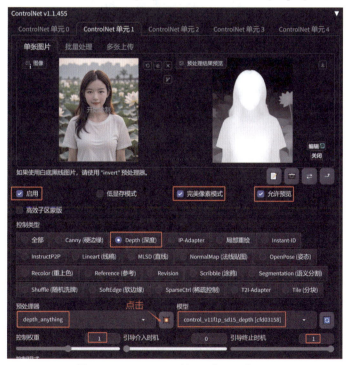

图 8.73 ControlNet 单元 1 [Depth] 设置

步骤 04 生成图像。单击"生成"按钮，得到 4 张图像，如图 8.74 所示。

图 8.74　生成图像

步骤 05 高清放大。选择一张满意的图像，单击 ■ 图标，将图像进行高清放大，得到的最终图像效果如图 8.75 所示。

图 8.75　照片转深度图 – 浮雕最终图像效果

思考与练习

通过学习本小节，请读者使用文生图、ControlNet Lineart 和 ControlNet Depth 功能生成照片转深度图图像。

答案如图 8.76 所示。

图 8.76　照片转深度图图像

8.5.3 实战——Stable Diffusion 3D 模型转深度图 – 浮雕

1. 3D 模型转深度图 – 浮雕效果展示

3D 模型转深度图 – 浮雕效果展示如图 8.77 所示。

图 8.77 3D 模型转深度图 – 浮雕效果展示

2. 操作步骤

步骤 01 设置参数。打开 Stable Diffusion 操作界面，在"文生图"选项卡中添加提示词并设置各项参数，具体参数设置见表 8.15。

表 8.15 具体参数设置

参 数	值	
版本	Stable Diffusion WebUI 启动器 1.9.3	
大模型	SZ1.5_8S_Euler_deliberate_v2.fp16	
外挂 VAE 模型	—	
CLIP 终止层数	2	
迭代步数	8	
采样方法	Euler a	
Schedule type	SGM Uniform	
宽度	600px	
高度	768px	
总批次数	4	
单批数量	1	
提示词引导系数	1	
随机数种子	3963254445	
正向提示词	relief greyscale,monochrome,background 浮雕灰度、单色、背景	
反向提示词	—	
风格预设	—	
LoRA 模型	SZ1.5_SZhuidu_V2:1	
ControlNet Lineart	lineart_realistic	control_v11p_sd15_lineart
ControlNet Depth	depth_anything	control_v11f1p_sd15_depth

步骤 02 启用 ControlNet 单元 0[Lineart]。ControlNet 单元 0[Lineart] 设置如图 8.78 所示。

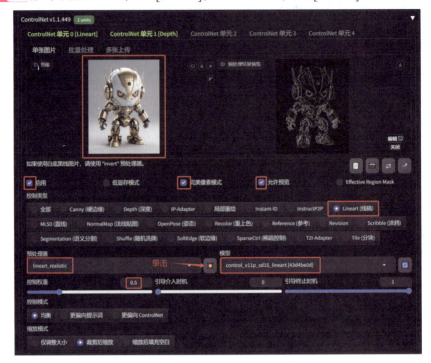

图 8.78　ControlNet 单元 0[Lineart] 设置

步骤 03 启用 ControlNet 单元 1[Depth]。ControlNet 单元 1[Depth] 设置如图 8.79 所示。

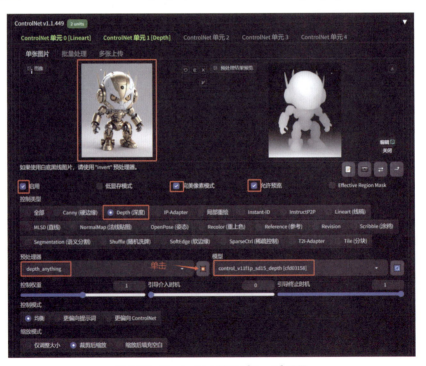

图 8.79　ControlNet 单元 1[Depth] 设置

步骤 04 生成图像。单击"生成"按钮，得到 4 张图像，如图 8.80 所示。

图 8.80　生成图像

步骤 05 高清放大。选择一张满意的图像，单击 ▣ 图标，将图像进行高清放大，得到的最终图像效果如图 8.81 所示。

图 8.81　3D 模型转深度图 – 浮雕最终图像效果

思考与练习

通过学习本小节，请读者使用文生图、ControlNet Lineart 和 ControlNet Depth 功能，生成 3D 模型转深度图图像。

答案如图 8.82 所示。

图 8.82　3D 模型转深度图图像

第 9 章 模型融合

扫一扫，看视频

使用 Stable Diffusion 模型融合功能，既可以合并多个大模型，也可以合并 LoRA 模型，还可以将 LoRA 模型与大模型合并，提升图像生成质量、生成速度和多样性。

使用 Stable Diffusion 模型融合功能，还可以提取大模型的艺术风格，保存成特殊风格的 LoRA 模型。在实践中，需要合理选择融合比例、融合算法，确保模型的兼容性，以满足不同的应用场景。

◖ 本章概述

通过学习本章，读者可以掌握 Stable Diffusion 模型融合的方法。

◖ 本章重点

（1）Checkpoint 大模型融合。

（2）LoRA 模型融合。

9.1　Checkpoint 大模型融合

扫一扫，看视频

Checkpoint 大模型融合是将多个训练阶段或者多个模型参数进行整合的技术。通过融合不同阶段或者不同的模型，可以增强模型泛化性或者实现特殊风格。在实际应用中，Checkpoint 大模型融合可以原样输出，也可以采用加权和法或者差额叠加法输出，如图 9.1 所示。

图 9.1　模型融合界面

9.1.1 原样输出

扫一扫，看视频

原样输出大模型融合算法通常用于改变模型格式、更改模型精度和嵌入 VAE 模型，如图 9.2 所示。

图 9.2　原样输出大模型融合算法

1. 参数对比

通过原样输出功能，可以更改大模型的名称，进行存储格式、模型大小等参数的设置，见表 9.1。

表 9.1　自定义名称和存储格式

参　数	融　合　前	融　合　后
模型名称	v1-5-pruned	—
自定义名称	—	SD1.5-pruned
存储格式	ckpt	safetensors
容量大小	7.2GB	3.58GB
模型精度	Float32	Float16
VAE	—	vae-ft-mse-840000-ema-pruned

2. 操作步骤

步骤 01　设置参数。在 Stable Diffusion 操作界面中选择"模型融合"选项卡，具体参数设置如图 9.3 所示。

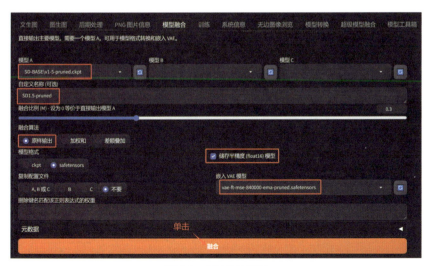

图 9.3　具体参数设置

步骤 02 大模型融合。参数设置完成后，单击"融合"按钮，融合结果如图 9.4 所示。

图 9.4　融合结果

步骤 03 生成路径。模型生成后的存储路径为"D:\sd-webui-aki-v4.8\models\Stable-diffusion\SD1.5-pruned.safetensors"，可以在整合包的文件夹中找到融合后的大模型，如图 9.5 所示。

图 9.5　融合后的大模型位置

思考与练习

通过学习本小节，请读者使用模型融合功能，将 final-prune 大模型进行融合。答案见表 9.2。

表 9.2　final-prune 大模型融合

参　　　数	融　合　前	融　合　后
模型名称	final-prune	—
自定义名称	—	SD1.5-final-prune
存储格式	ckpt	safetensors
容量大小	3.97GB	1.98GB
模型精度	Float32	Float16
VAE	—	vae-ft-mse-840000-ema-pruned

9.1.2　加权和

加权和大模型融合算法需要 A、B 两个模型，两个大模型按比例相加，从而得出不同风格的大模型，如图 9.6 所示。其计算公式为 $A(1-M) + BM$。

扫一扫，看视频

图 9.6　加权和大模型融合算法

1. 算法含义

加权和大模型融合算法的含义见表 9.3。

表 9.3　加权和大模型融合算法的含义

图	说明
	A 模型：SZ1.5_8S_Euler_darkSushi2.5D，二次元风格
	B 模型：SZ1.5_8S_Euler_AWPortrait，写实风格

当 $M=0.3$ 时，根据公式 $A(1-M) + BM$，有 $A(1-0.3)+0.3B$

0.7A	0.3B	SD2.5D-New
+	=	

2. 操作步骤

步骤 01　设置参数。在 Stable Diffusion 操作界面中选择 "模型融合" 选项卡，具体参数设置如图 9.7 所示。

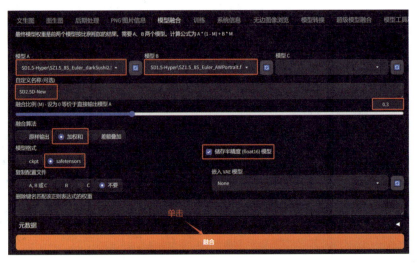

图 9.7　具体参数设置

步骤 02 大模型融合。参数设置完成后，单击"融合"按钮，生成融合模型 SD2.5D-New，并在"文生图"选项卡中测试图像效果，如图 9.8 所示。

图 9.8　测试图像效果

思考与练习

通过学习本小节，请读者使用模型融合"加权和"功能，将 M 值设置为 0.5，进行大模型融合。答案见表 9.4。

表 9.4　M 值为 0.5 的大模型融合

当 $M=0.5$ 时，根据公式 $A(1-M)+BM$，有 $A(1-0.5)+0.5B$		
0.5A	0.5B	SD2.5D-M-0.5

9.1.3　差额叠加

差额叠加大模型融合算法需要 A、B、C 3 个模型，后两个模型 B、C 的差值将叠加在主模型 A 上，从而得出不同风格的大模型。其计算公式为 $A+M(B-C)$，如图 9.9 所示。

图 9.9　差额叠加大模型融合算法

1. 算法含义

差额叠加大模型融合算法的含义见表 9.5。

表 9.5　差额叠加大模型融合算法的含义

图	含义
	A 模型：SZ1.5_8S_Euler_darkSushi2.5D，二次元风格
	B 模型：SZ1.5_8S_Euler_AWPortrait，写实风格
	C 模型：3Dcute_8S_Euler_SZ1.5Hyper，卡通风格

当 M=0.3 时，根据公式 $A+M(B-C)$，有 $A+0.3(B-C)$

A	$0.3B$	$0.3C$	SD 差额 -New
	+	-	=

2. 操作步骤

步骤 01 设置参数。在 Stable Diffusion 操作界面中选择"模型融合"选项卡，具体参数设置如图 9.10 所示。

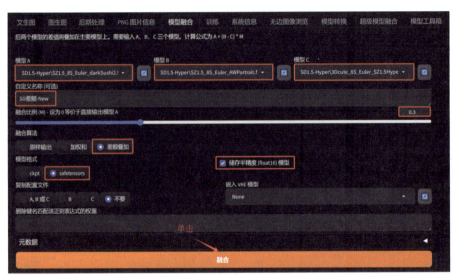

图 9.10　具体参数设置

步骤 02 大模型融合。参数设置完成后，单击"融合"按钮，生成融合模型"SD 差额 -New"，并在"文生图"选项卡中测试图像效果，如图 9.11 所示。

图 9.11　测试图像效果

思考与练习

　　通过学习本小节，请读者使用模型融合差额叠加功能，将 M 值设置为 0.5，进行大模型融合。

　　答案见表 9.6。

表 9.6　*M* 值为 0.5 的大模型融合

当 *M*=0.7 时，根据公式 *A*+*M* (*B*−*C*)，有 *A*×0.5(*B*−*C*)			
A	0.5*B*	0.5*C*	SD 差额 −New

9.2　LoRA 模型融合

LoRA 模型融合可以将多个 LoRA 模型按照权重或者分块权重进行融合，以增强 LoRA 模型的细节或者实现特殊风格；也可以将 LoRA 模型合并到 Checkpoint 大模型中，形成新的 Checkpoint 大模型。"超级模型融合"→ LoRA 选项卡如图 9.12 所示。

图 9.12　"超级模型融合"→ LoRA 选项卡

9.2.1　Merge to Checkpoint

Merge to Checkpoint（合并到大模型）是指将一个或者几个 LoRA 模型按照权重的不同合并到大模型中，使大模型具备当前 LoRA 的风格或者功能，如图 9.13 所示。

扫一扫，看视频

图 9.13　融合前后对比

1. 操作步骤

步骤 01 设置参数。在 Stable Diffusion 操作界面中选择"超级模型融合"→ LoRA 选项卡，具体参数设置如图 9.14 所示。

图 9.14　具体参数设置

步骤 02 设置 LoRA 参数。在界面下方找到要融合的 LoRA 模型并选择，如图 9.15 所示。

图 9.15　选择 LoRA 模型

步骤 03 生成新模型。设置完成后，单击 Merge to Checkpoint(Model A) 按钮，将 LoRA 融合到大模型中，得到包含 LoRA 效果的大模型，如图 9.16 所示。

图 9.16　生成新模型

步骤 04 测试效果。选择新生成的融合模型 AnimeLine_deliberate_SZ1.5Hyper.fp16，在"文生图"选项卡中测试图像效果，如图 9.17 所示。

图 9.17　测试图像效果

思考与练习

　　通过学习本小节，请读者使用超级模型融合 LoRA 功能，将 LoRA 权重设置为 0.6，进行大模型融合。

　　答案如图 9.18 所示。

图 9.18　LoRA 值为 0.6 的融合模型生成效果

9.2.2　Make LoRA

　　Make LoRA（制作 LoRA）是指从已有的大模型中提取特征或者风格形成新的 LoRA，从而实现这种特征或者风格的迁移，如图 9.19 所示。

扫一扫，看视频

图 9.19　迁移的 LoRA 风格对比

操作步骤

步骤 01 设置参数。在 Stable Diffusion 操作界面中选择"超级模型融合"→ LoRA 选项卡，具体参数设置如图 9.20 所示。

图 9.20　具体参数设置

步骤 02 填写文件名称并设置参数。在界面中填写文件名称及设置参数，如图 9.21 所示。

图 9.21　填写文件名称并设置参数

步骤 03 生成新模型。设置完成后，单击 Make LoRA (alpha*Model A-beta*Model B) 按钮，生成新的 LoRA 模型，如图 9.22 所示。

图 9.22　生成新的 LoRA 模型

步骤 04 测试图像效果。选择新生成的 LoRA 模型 AnythingV4.5_SZ1.5lora，在"文生图"选项卡中测试图像效果，如图 9.23 所示。

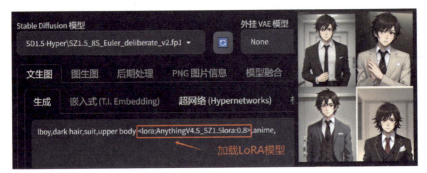

图 9.23　测试图像效果

通过学习本小节，请读者使用超级模型融合 LoRA 功能，从大模型 A_disneyPixarCartoon_v10 中制作 DisneyPixarCartoon_SZ1.5lora LoRA 模型。

答案如图 9.24 所示。

图 9.24　新的 LoRA 模型生成效果

9.2.3　合并 LoRA

合并 LoRA 是将两个或多个 LoRA 模型进行合并，从而实现整合 LoRA 模型特征或者风格的目的，合并时需要保持 LoRA 模型维度一致或重置成统一维度，如图 9.25 所示。

扫一扫，看视频

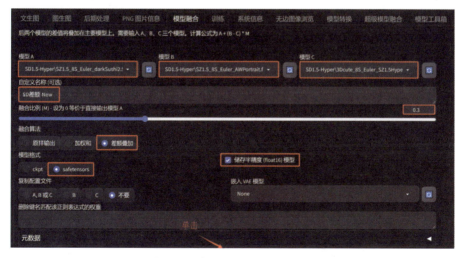

图 9.25　合并 LoRA 前后效果对比

操作步骤

步骤 01　计算 LoRA 维度。在 Stable Diffusion 操作界面中选择"超级模型融合"→LoRA 选项卡，在下方 LoRA 列表中单击 Calculate LoRA dimensions（计算 LoRA 维度）按钮，如图 9.26 所示。

图 9.26　计算 LoRA 维度

步骤 02 设置参数。依次选择需要合并的 LoRA 模型并设置参数，如图 9.27 所示。

图 9.27　设置参数

步骤 03 填写文件名称并单击"合并 LoRA"按钮。在界面中填写文件名称并单击"合并 LoRA"按钮，如图 9.28 所示。

图 9.28　填写文件名称并单击"合并 LoRA"按钮

步骤 04 测试图像效果。选择新生成的 LoRA 模型 Flatcolor_detail_SZ1.5lora，在"文生图"选项卡中测试图像效果，如图 9.29 所示。

图 9.29　测试图像效果

通过学习本小节，请读者使用超级模型融合 LoRA 功能合并"van:0.75"和"more_details:0.25"LoRA 模型，融合成新的油画风格 LoRA 模型"VANpainting_SZ1.5lora"。

答案如图 9.30 所示。

图 9.30　油画风格 LoRA 模型生成效果

9.2.4　Extract from two LoRAs

Extract from two LoRAs（从两个 LoRA 模型中提取）从以共同为底模训练的两个 LoRA 模型中提取特征，生成新的 LoRA 模型，如图 9.31 所示。

扫一扫，看视频

图 9.31　提取 LoRA 模型前后效果对比

操作步骤

步骤 01 选择 LoRA 模型。在 Stable Diffusion 操作界面中选择"超级模型融合"→ LoRA 选项卡，在下方 LoRA 列表中选择"国画 V1_zhangdaqian"和"国画 V2_zhangdaqian"LoRA 模型，如图 9.32 所示。

图 9.32　选择 LoRA 模型

步骤 02 填写文件名称并选择维度，如图 9.33 所示。

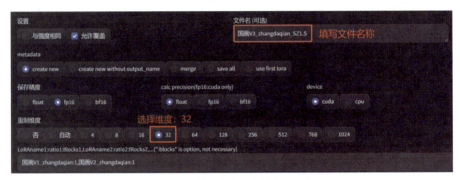

图 9.33　填写文件名称并选择维度

步骤 03 生成模型。单击 Extract from two LoRAs 按钮，生成模型，如图 9.34 所示。

图 9.34　生成模型

步骤 04 测试图像效果。选择新生成的 LoRA 模型 "国画 V3_zhangdaqian_SZ1.5lora:0.75"，在 "文生图" 选项卡中测试图像效果，如图 9.35 所示。

图 9.35　测试图像效果

思考与练习

通过学习本小节，请读者使用超级模型融合LoRA功能，合并"国画 V1_zhangdaqian:0.65"和"国画 V2_zhangdaqian:0.65"LoRA 模型，融合成新的国画风格 LoRA 模型"国画 V4_zhangdaqian_SZ1.5lora"。

答案如图 9.36 所示。

图 9.36　国画风格 LoRA 模型生成效果

第 10 章　Stable Diffusion 设置方法及补充资料的使用

扫一扫，看视频

Stable Diffusion 除了默认的界面设置和参数外，还可以根据需要进行界面布局和参数调整，最大限度地发挥 Stable Diffusion 的优势。本章提供了详细的设置和优化方法，从基本界面设置开始，逐步深入到高级功能的保存与管理。此外，还详细讲解了如何通过 Openpose 和 Segmentation 等预处理工具来解决实际问题，帮助用户快速掌握 Stable Diffusion 的核心功能。

⮕ 本章概述

通过学习本章，读者可以掌握 Stable Diffusion 设置方法及补充资料的使用。

⮕ 本章重点

（1）"设置"选项卡。

（2）Openpose 补充资料。

（3）Segmentation 补充资料。

10.1　"设置"选项卡

Stable Diffusion 的"设置"选项卡包括初始界面、参数和布局设置等内容，可以根据实际情况进行个性化设置。"设置"选项卡中可调整和设置的功能如图 10.1 所示。

图 10.1　"设置"选项卡

10.1.1 "图像保存"标签栏

"图像保存"标签栏中包括保存路径、图像保存和保存到文件夹3种分类功能。在这3种分类功能中，除"保存路径"选项（图10.2）可以进行设置外，其他两项建议保持默认。

图 10.2　设置文件夹名称

10.1.2　SD 标签栏

SD 标签栏中包括兼容性、扩展模型、优化设置、采样方法参数、SD、SDXL、VAE 和图生图等多种分类功能，除常用的界面设置外，其他建议保持默认。

1. 扩展模型

（1）显示隐藏目录：以"."为前缀的文件夹不被显示，如图10.3所示。

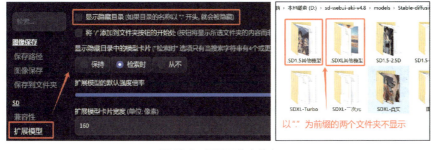

图 10.3　不显示的文件夹

（2）模型文件夹被隐藏后，还可以进行搜索，如图10.4所示。

图 10.4　搜索文件

（3）扩展模型下的卡片尺寸设置：设置扩展模型卡片的宽度、高度及文本大小，如图10.5所示。

图 10.5　卡片尺寸设置

（4）排序方式：决定了模型排序规则，如图 10.6 所示。

图 10.6　模型排序方式

（5）目录样式：决定了模型目录展示样式，如图 10.7 所示。

图 10.7　模型目录展示样式

2. 采样方法参数

采样方法参数用于设置隐藏用户界面中的采样方法，如图 10.8 所示。

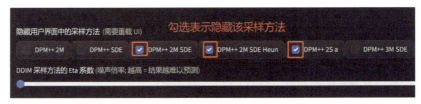

图 10.8　隐藏采样方法

3. SD

SD 可以解决部分模型报错问题及复刻固定种子图像，如图 10.9 所示。

图 10.9　复刻固定种子图像

4. SDXL

SDXL（refiner）美学评分设置可以对 SDXL 美学分数低值 / 高值进行设置，如图 10.10 所示。

图 10.10　美学评分设置

10.1.3 "用户界面"标签栏

"用户界面"标签栏用于对用户的 UI 界面进行设置和重新布局。

（1）文本信息：可以根据要求自定义图像的生成信息，如图 10.11 所示。

图 10.11　生成信息

（2）提示词编辑：设置快捷键，以控制提示词升高或降低的精度，一般情况下保持默认值，如图 10.12 所示。

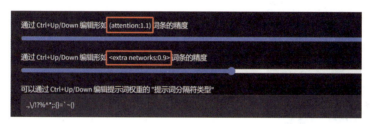

图 10.12　设置快捷键精度

（3）UI 替代方案：重新对 Stable Diffusion 界面进行设置，如图 10.13 所示。

图 10.13　变更后的 UI 界面

另外，其还用于重新对高分辨率修复进行界面设置，如图 10.14 所示。

图 10.14　变更后的高分辨率修复界面

（4）本地化和 Gradio 主题。在"用户界面"标签栏中可以对本地化（本地汉化方式）和 Gradio 主题（界面主题风格）进行设置

1）本地汉化方式设置如图 10.15 所示。

图 10.15　本地汉化方式设置

2）界面主题风格设置如图 10.16 所示。

图 10.16　界面主题风格设置

10.1.4　"未分类"标签栏

在"未分类"标签栏中可以对用户的扩展插件进行设置和重新布局。

（1）画布热键。常用的快捷键设置如图 10.17 所示。

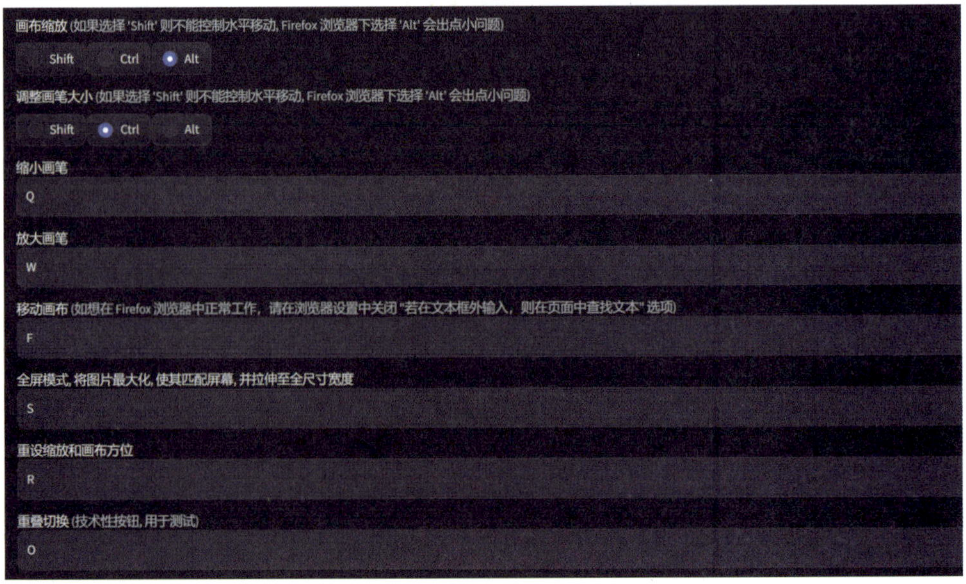

扫一扫，看视频

图 10.17　常用的快捷键设置

（2）ControlNet。ControlNet 单元数量设置如图 10.18 所示。

图 10.18　ControlNet 单元数量设置

（3）Hypertile。启用此类功能可以在一定程度上节约生成时间，如图 10.19 所示。

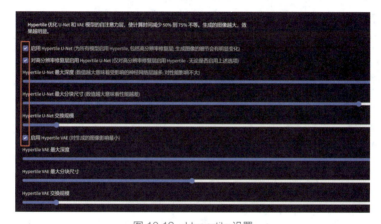

图 10.19　Hypertile 设置

10.1.5　其他

1. 默认设置

可以对启动界面的常用提示词、采样方法、尺寸等进行默认设置，如图 10.20 所示。

扫一扫，看视频

图 10.20　默认设置

2. 操作步骤

当常用的大模型为 SD1.5-Hyper 系列时，其迭代步数为 8、提示词引导系数为 1。因此，可以将与 SD1.5-Hyper 大模型相关的设置保存为默认设置。

步骤 01 设置界面参数。SD1.5-Hyper 大模型默认设置如图 10.21 所示。

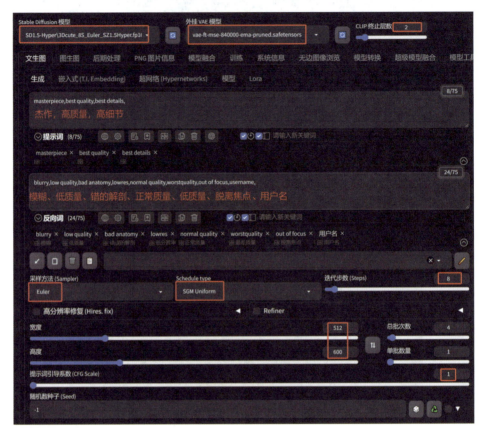

图 10.21　默认设置

步骤 02 保存默认设置。打开"其他"选项卡，单击"默认设置"按钮，并依次执行以下操作，如图 10.22 所示。

图 10.22　保存默认设置

保存默认设置完成后，每次打开界面都是此项设置。

10.2 补充资料

10.2.1 ControlNet Openpose

ControlNet Openpose 不仅可以通过预处理进行姿态识别，还可以根据识别好的姿态图像进行生成。本书提供了姿态的图像素材图库，如图 10.23 所示。

扫一扫，看视频

图 10.23　姿态的图像素材图库

操作步骤

步骤 01 加载图像。在"ControlNet 单元 0[OpenPose]"选项卡中加载图像，预处理器选择 none，如图 10.24 所示。

图 10.24　加载图像

步骤 02 生成图像。设置提示词等相关参数，单击"生成"按钮，生成图像，如图 10.25 所示。

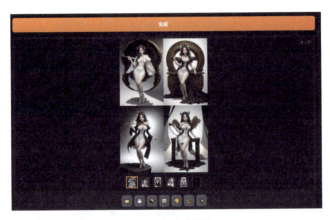

图 10.25　生成图像

10.2.2　ControlNet Segmentation

扫一扫，看视频

　　语义分割在图像识别领域非常重要。简单来说，语义是指对图像的内容进行理解；分割是指按照理解的内容分割出图像中的不同对象。反之，也可以根据分割后的图像进行图像生成。因此，可以在其他绘图软件中绘制好分割图像，进行图像生成，以达到精确控制图像的目的。语义分割图像的示例如图 10.26 所示。

图 10.26　语义分割图像的示例

操作步骤

步骤 01　绘制分割图像。打开 Photoshop 和 seg_ofcoco 颜色表，复制颜色值，并设置 Photoshop 画笔颜色，绘制图形，如图 10.27 所示。

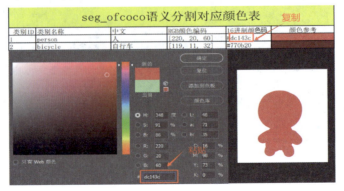

图 10.27　绘制图形

步骤 02 绘制其他图像。按照步骤 01 的方法，绘制其他图形，如图 10.28 所示。

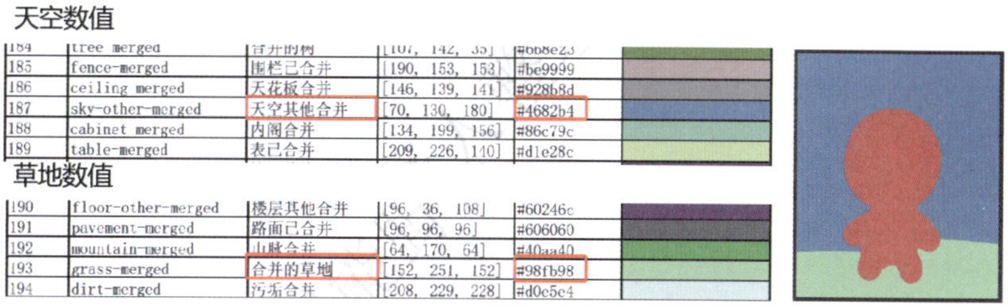

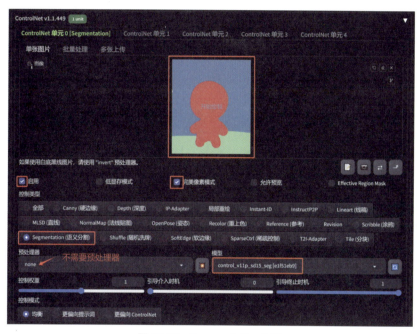

天空数值				
184	tree merged	合并的树	[107, 142, 35]	#6b8e23
185	fence-merged	栅栏已合并	[190, 153, 153]	#be9999
186	ceiling merged	天花板合并	[146, 139, 141]	#928b8d
187	sky-other-merged	天空其他合并	[70, 130, 180]	#4682b4
188	cabinet merged	内阁合并	[134, 199, 156]	#86c79c
189	table-merged	表已合并	[209, 226, 110]	#d1e28c
草地数值				
190	floor-other-merged	楼层其他合并	[96, 36, 108]	#60246c
191	pavement-merged	路面已合并	[96, 96, 96]	#606060
192	mountain-merged	山脉合并	[64, 170, 64]	#40aa40
193	grass-merged	合并的草地	[152, 251, 152]	#98fb98
194	dirt-merged	污垢合并	[208, 229, 228]	#d0e5e4

图 10.28 绘制其他图形

步骤 03 保存与加载。保存绘制好的分割图像为 png，在 Stable Diffusion 中选择 "Segmentation（语义分割）"预处理器，加载图像，如图 10.29 所示。

图 10.29 Segmentation 设置

步骤 04 生成图像。设置提示词等相关参数，单击"生成"按钮，生成图像，如图 10.30 所示。

图 10.30 生成图像